フリーランス農家という働き方

おためし農業のすすめ

小葉松真里
Mari Kobamatsu

太郎次郎社エディタス

一緒にワクワクの旅を――まえがきにかえて

こんにちは！　全国の農場を渡り歩く、フリーランス農家のコバマツです！

私は、二〇一九年から土地や家をもたずに全国の農場を巡り、年間三〇〇日は宿住まいである。今まで三〇〇軒以上の農家と出会い、農作業や商品開発、地域活性化企画、産地間連携、農業ライターなどと多彩にやってきた。

もともと農業とは無縁だった私だが、社会人になり地元北海道・十勝の意欲的な農家たちに刺激を受け、農業の道に進むことに決めた。今ではすっかり農業漬けの毎日である。

北海道から南の島まで、気候も作物も違うが、どの農家も未来を見据えて誇りをもって働いている。事実、やり方次第で農業は面白くなる。私は魅力的な農家を通して、農業の新たな価値を広めたいと思っている。

私が出会った感動の農家たちと、読者もこの本で出会ってくれれば、と思う。そして、ゆるーく農業を始めませんか。

さあ！　私と一緒にワクワクの農業の旅に出かけましょう！

著者しるす

目次

一緒にワクワクの旅を――まえがきにかえて　1

1章　元気で、視野が広くて、そして儲かっている農家ばかり――フリーだからこそ見えたもの　5

1　農業って、じつは新しい?!　6
2　えっ、この人たち、みんな農家なの?!　31

2章　おカネも土地もワザもなし――フリーランスしかないでしょ!　55

1　知りたい農業の情報がない、そしてわかりにくい　56
2　女子には新規就農ってかなりむずかしい　71

3章　一宿一飯のお世話になります――フリーランスの仕事事情　91

1　進んで自分で仕事を作っていった　92
2　農業には様々な関わり方がある――幅広いフリーランスの仕事　127

4章 おためし農業、いろいろご紹介 163
——こんな関わり方がある
1 ゆるく農業に関わってもいいじゃないか 164
2 農業となにかを掛け合わせる 185

5章 素敵な、ミライの農家たち 203
——農業って可能性しかない
1 農産物を販売しない農家 204
2 農家の嫁が自分らしい関わり方を模索する 211
3 みんなをミカンのオレンジ色のような笑顔にしたい！ 217
4 有機農業で「自然と経済」を循環させる 221
5 ルックスはモデル…でも鶏の卵にかける思いは深く、強い 228
6 飛騨の自然を生かし切る農業 232
7 幅広く農業の可能性を見つけていく 236
8 超健康体の牛を育てる 240
9 自然栽培を推進するまちがある 245

あとがきにかえて 252

1章

元気で、視野が広くて、そして儲かっている農家ばかり

——フリーだからこそ見えたもの

1　農業って、じつは新しい?!

日本縦断、年四〇〜七〇回

私は年に四〇〜七〇回、飛行機に乗って日本を北から南まで行ったり来たりしている。あちこちの農家で働かせてもらっているので、そういう頻度になる。

私の働き方は、これは自称なのだが、フリーランス農家という。企業や団体などに帰属せずに、自分一人で活動している。インテリアコーディネーターやスタイリストも、創始者が自らそう名乗ったのが、あとあと定着したものらしい。フリーランス農家という働き方が広まるかどうかは、神のみぞ知る、だが。

先日、NHK「ドキュメント72時間」で新潟〜小樽間のフェリーに乗船している人々を追っていた（「日本海フェリーで旅する人生航路」）。観光業で北海道に関わっていたがリタイアして、別の目で眺めてみたい、と乗船した男性。親の代から牛を九州に運んでいる人など、味わい深いインタビューだった。

なかに若い女性が出てきたが、「トラベルナース」と名乗っていた。数カ月ごとに職場を替え、移動して暮らしているという。もしかして、この働き方、流行っているのか?!

世の中は隙間なしに動いているように見えながら、結構隙間が多い。たとえば、食事のデリバリーにしても、今まで宅配をやっていなかった店舗がプラットホームサービスを利用して始めたり、消費者からすれば、ごく少数の決まったお店からしか出前が頼めなかったのに、その選択肢が格段に増えた。それを配達する人は個人事業者の扱いで、ギグワーカーと呼ばれている。

フリーランス農家もそれと同じ類いで、既存のあり方だけでは不十分なので、私のようなヨコ移動するような存在が必要になったのだ。

たとえば、ある会社から連絡が入った。あるまちに飛行場があるが、どうにかして乗降客を増やしたい、という。考えてみれば、そこには産業と呼ぶべきものは農業しかない。農業に関心が向いてもらえれば、それに関係した人びとが飛行場を利用してくれるかもしれない、だから手助けしてほしい、という依頼の仕事である。

農業といえば土地と切り離せない。もともとヨコ移動など前提としていない仕事だ。しかし、もう自分の土地にしがみついているだけでは、農業は成り立たなくなってきている。ほかとの〝情報〟のやりとりや〝人の交流〟などが必要になっている。それをフリーに動ける私が橋渡しをするのだ（私の働き方の詳細は3章に）。

かつては旅から旅に明け暮れる行商人のような人が、閉鎖的なむらに外の空気を運んできたという。たとえば、「横浜という港に異人さんがやって来て、絹や茶葉（煎って紅茶などにする）を欲しがっている」などと話していく。すると、にわかに蚕を飼いはじめ、茶畑を広げる農家が増えるのだ。私はそういう新風を吹き込む人たちの後裔である。

衝撃の農業デビュー

二〇一四年の春が私の農業デビューである。初めて働きに行った農園は北海道中富良野町にある感動野菜産直農家 寺坂農園というメロン農家である（ほかにトウモロコシ、アスパラ、ミニトマト）。

寺坂農園との出会いは、二〇一三年（当時、私は二三歳）の函館での会社員時代（「（株）まちづくり五稜郭」のコミュニティ事業部所属）。「農業に関わりたい」と思い、いろいろと情報収集をしていたときに、寺坂農園の寺坂祐一（当時四〇代前半。以下、年齢の記載はすべて取材当時のもの）社長が函館の中小企業家同友会という経営者の勉強会に講師としてやってきた。知人から「直販で年一億円の面白い農業をしている農家が講師でやってくるから、行ってみてはどうか」という誘いを受けて、すぐに参加申し込みをした。農業に第一歩を踏み出すために積極的に情報収集をしよう、と意気込んでいたときである。

道南地域の中小企業の経営者のみなさんがズラリと居並ぶなかに、緊張しながら紛れ込んだ。

寺坂社長は柔らかく穏やかな雰囲気な人だなというのが最初の印象だった。二〇代で実家のメロン農家を継いだときは借金もあり、なかなか利益が出ず、価格も低迷、苦悶の日々が続いたという。現状を変えなければと一念発起し、経営やマーケティングの勉強を始め、「儲かる農業」へと転換し、それが功を奏してV字回復し、今ではお客さんにもスタッフにも恵まれた農園となった。

そんな寺坂社長の経営の方法や、お客様やスタッフとの向き合い方がとても魅力的に感じられた。

今でこそ農家がＳＮＳを活用して消費者に直接販売することは多いが、一〇年前はまだInstagramもＬＩＮＥも一般的ではなかった。そんな時期に、農協へは出荷せずに、自分でＷＥＢサイトを作り、Facebookを活用して、直接お客さんとつながり、販売をしていく農業形態をとった。農協を通さないことで利益率が上がった。メロンを発送するにも、購入者に向けて社長からのメッセージを添え、同封の冊子に農園の作物の紹介や、中富良野の地域の様子を感じてもらえる写真、購入者の感想などを掲載するなど、様々な工夫を凝らしていた。

栽培法も改良に改良を加えてきた。その底にあるのは、お客様目線ということである。とにかくできることを徹底してやってきたそうだ。

寺坂に行けば、農作業を覚えるだけでなく、新しい農業、儲かる農業のことも学ぶことができるのではないかと思った。

講演を聴きながら「よし！　ここで働こう！」と決めていた。講演会が終わった後、真っ先に社長のもとに行って、「この春から農園で働かせてください!!」と直談判した。社長は少し驚いた風に（たぶん冗談半分だと思ったのでは?）、「おう！　いいよ！　連絡待っているね！」と言ってくれた。

それからFacebookでやりとりをして、実際に働きに行くことになった。その日が本当に待ち遠しかった。

風景が改めて目にしみる

五月の上旬、北海道ではまだ雪が降る場所もあり、肌寒い季節である。農園では住み込みで働くことになっていて、生活に必要なものは一通り揃っていると聞いていた。自家用車に農作業着や生活に必要な最低限のものを詰め込んで、「ようやく憧れていた農業に関われるのだ」と期待に胸を膨らませながら帯広から中富良野まで北西に向かって一二〇km超の道のりを運転していった。

北海道の東側、十勝が私の生まれ育った場所で、農業大国とも俗にいわれている。自然も畑も見慣れた景色のはずだったが、これからそのなかで農業をしながら暮らすのだと思うと、すごく新鮮なものに映った。

専門学校を卒業して地元帯広の新聞社に入り、その事業局で地域のイベントの企画運営を行っていた。毎日車でオフィスに行き、ＰＣ作業などで朝から晩まで、ときには日を跨いで仕事をしていた。常に携帯を持ち歩き、仕事に追われる生活をし、周りの自然に何も感じることはなかった。

二時間半かけてたどり着いた農園は、雪が残る日高山脈の山々に囲まれた一面の農村地帯のなかにある。今までは都会に憧れる女子で、まちのなかのオフィスで働くことに夢を抱いていた。しかし、鳥や虫の声が響き渡る広大な風景は感動ものである。しかも、めっちゃのどか！「いよいよ来てしまった」と、期待と少しの緊張をもって、畑のなかの事務所に行き、従業員の女性に、畑や住み込みの場所などを案内してもらった。畑の真ん中に三畳ほどのコンテナハウスがいくつか置いてあり、それの一つが私の数か月の宿になる。工事現場の人が寝泊まりしているような建物で、布団を広げ、物を少し置いたら一杯になってしまう広さである。キッチン、シャワーなどは外の別な場所にあり、共用なのでちょっとしたキャンプ気分である。

これを建てたのは寺坂社長のお父さんで、宿賃は水道光熱費込みで月一・五万円（二〇一三年の時点）。食費は自己負担で、バイト代は当時一時間あたり九〇〇円だった（ような……）。

もともと私はインドア派で、私を知っている友人や両親からは「インドア派だったのに、よくそんなところに住めるね！」と言われた。でも、すべてが広大で、気持ちがいい。コンテナの後ろはすぐに畑で、部屋の扉を開けて外に出て振り返れば山脈が真正面に見えて、一面に青く広い空が広がる。

きっと今までも、こういう景色は目にしてきたはずなのに、全然心に残っていない。風景はそれと意識しないと、ちゃんと目に見えてこないのかもしれない。改めて雄大な自然に挨拶するような気持ちだった。

それにも増して、「念願の農業に関われるのだから、どんなことも乗り越える」という覚悟をもってきたので、住まいがコンテナ風であろうと、部屋が狭かろうと、まったく気にならなかった。

住み込みは私だけではなく、同い年くらいの仲間も数人いて、少しほっとした。いよいよ明日から農業初体験の始まりである。徹底したインドア派の私がどう変わっていくのか、自分こそが楽しみである。

見よう見まねって大事

五月上旬はメロンの定植作業や整枝作業の時期で、ハウスではパートの人たちがたくさん働いていた。みなさん近隣の主婦の方たちだ。

ハウスの扉を開けると、まだ小さいメロンの苗が植わっていた。ちょうど私の手の平を広げたくらいのサイズ（結構大きい！）の葉が一〇枚ほどついた苗がハウスの両サイドに列をなしてきれいに植わっていた。今まで野菜がどんな風に育てられているかなど考えたことも、見たこともなかった私は「これがメロンになるの?! どこに実がなるの？　こんなに小さいけど夏までに育つの?」と、最初は?マークだらけだった。

毎日各ハウスに五~一〇人くらいのパートさんが入り、それぞれの作業をしていく。最初は社長やベテランの人に作業について教えてもらった。

メロンが栽培されるプロセスは以下のとおり。

3~4月　種まき・育苗

4月　定植

5月　整枝作業、摘果作業等

7~8月　収穫

これだけの工程と手間を加えて、ようやくお客さんの手に届く。話を聞いただけでも「時間と手間がかかるんだな」と思ったが、私はこれから実際にそれを体験していくことになる。

最初にした作業は、メロンのツルの誘引作業だ。メロンのツルは放っておくとどんどん伸びて、隣同士の苗が絡まってしまい、次の工程の作業がしにくくなる。そうならないために上にまっすぐ伸ばしてVの字のピンでとめて、育つ方向性を決めて、その後の農作業をしやすくするのだ。

寺坂農園でみんなと

「わからなかったらなんでも聞いてね！」

と、みんな優しく声をかけてくれるが、奥行き一〇〇ｍのハウスなのでテキパキどんどんやっていかないと終わらない。植物は繊細でもろいので、雑に扱ってしまうとツルが折れてしまう。じっくり植物に触るのは初めてで、まだ育ち切っていない苗のツルは細い。折らないように慎重に作業をするが、丁寧に扱い過ぎると作業が遅くなってしまう。ベテランやパートの人たちは、どんどん作業を進めて前に進んでいくが、私は慣れない作業に最初は置いてけぼりだった。周りの人の作業の仕方や苗の触り方、体の使い方を見ながら早く作業ができる方法を学んだ。

メロンは地面に植わっている。作業は基本しゃがんでする。私は最初は一つの苗の作業が終わるたびに立ったり座ったりしていた。それでは時間がかかる。ベテランさんたちは、しゃがんだまますぐに横の苗に移動して作業をするために、発泡スチロールの椅子を作って腰に紐で結び付けていた。作業が終わったら中腰になって椅子を浮かす。横に移動したら、その椅子を下に据える。この繰り返しで、立ったり座ったりがなくなる！　私もその簡易椅子を作って、作業を効率化していった。見よう見まねって、すごく大事。

仲間との情報交換

仕事は基本的に八～一七時までで、八～一〇時の後に小休憩、一二～一三時がお昼休み、一三～一五時の後にまた小休憩がある。時間になるとハウスから出て、みんなで食事をとる。休憩のときは、飲み物やお菓子を持ち寄って雑談に花を咲かせる。どこの農園に行っても基本こんな感じの時間割である。みんなと話のできる時間は貴重だ。最初はパートの人たちの輪に入れず、住み込みで働きに来ている人たちとの会話になる。

その一人、Mさんは、内地（北海道では本州のことをこう言う）から働きに来ていた。私より一〇歳くらい年上だけど若々しくてかわいらしい女性。「私はいろいろな農場を渡り歩いていて、将来自給自足的な仕事をしたい。この農園が終わった後は沖縄の波照間島《はてるまじま》に行って農業をしようかなと考えている」と話してくれた。オーガニックな暮らしを体験したり、日本以外の文化に触れるためにヨーロッパなどにも行ったことがあるそうだ。そこで体験したナチュラルな生活に憧れ、今後はそれを実践していきたいとのこと。

同じく、住み込みのK君は私より二歳くらい年上の子。眼鏡で坊主頭で無口で、話しかけにくい感じだったが、作業に困っていると口数少なく「こうすればいい」とか、重いものを運んでいたら「持ってやる」と声をかけてくれたり、意外といいやつだった。千葉県で自衛隊で働いていたけど辞めて、なんと自転車で日本を回っているうちに寺坂農園のバイトを見つけて働きに来たという。

もう一人の男の子、S君は私と同い年で道産子。会社を辞めて農業に興味があったのでやって来た。

富良野出身で、夜は飲食店で働き昼は農園のバイトをしているという男女もいた。

割と年の近い人が多く、いろんな動機で働きに来ている人がいて、それぞれの話が新鮮だった。みんな個性豊かで、すぐにうち解けた。私は当時二三歳とまだまだ人生に迷うことも多く、経験豊かな人たちと一緒に過ごせるのはラッキーだった。

繊細すぎる！　整枝作業

午後からは、少し成長した苗のハウスに移った。今度はメロンの整枝作業だ。

メロンはウリ科で、二本の子ヅルを主に伸ばしていく。その脇からさらに細い孫ヅルが出てくる。メロンの実を成らせるためには子ヅルをもっと強くしていかなければいけない。脇から出てくる孫ヅルをそのままにしておくと、栄養がそちらに行って、いいメロンができない。商品となるメロンに栄養がいくようにするための作業だ。

全部の孫ヅルを取ればいい、というわけではない。一〜四節目までの芽を取り、それ以降に成長している孫ヅルは残していく。つまり、一つひとつ取る場所を数えて取っていくのだ。最初は、脇芽の数え方もわからなかった。パートの人たちが「必ず葉っぱが生えてくる脇から芽が出てくるから、葉っぱの近くを見てみてね」と教えてくれた。植物を少しでも触ったことがある人なら簡単にわかることだが、当時の私はそれすらも「なるほど、そうか！」と感心した。

薄手のビニール手袋をして作業をするが、ふさふさの毛みたいなのが生えているのがわかっ

メロンのツルの整枝作業

た。この作業も少し強く扱うと折れてしまう。早く慣れて作業スピードを上げなくてはならないが、ツルを折らないよう神経もつかう。ツルはとっても繊細だ。ここで折ってしまったらメロンは成らなくなってしまう。

同じ作業を繰り返す機械的な作業に見えるが、一つひとつ微妙に成長度合いも違うので、よく見て数えないと別な個所の芯を取ってしまいかねない。これを朝から晩までやっていく。最初、慣れない私は残すはずのツルを折ってしまったり、実が成るはずの場所を取ってしまったりした（もちろん怒られた）。

翌日、手入れをしたハウスの苗を見ると、摘心がうまくやれたものはツルが一気に伸び、逆に、折ってしまったツルからは新しいツルは生えていない。少し折ってしまって、絆創膏で巻いたツルは数日するとくっついて、復活していたりする。

寒い日は葉も垂れ下がり、ツルも元気がない。暑いときは葉っぱもピン！　としてツルも上向きで元気がいいのがわかる。朝にMさんとハウス内を見るたびに「なんかメロン成長してない!?　かわいいね!!」とか「今日元気ないね」などと話していた。

日々の作業の仕方や天気で植物の様子が変わっていく。その手ごたえがたまらない。いってみれば、農業は「物」を生み出すのではなく「命」を育てる仕事だと実感できる。それは神秘的な感覚である。

農業に「人」が集まる

農業＝作物としか触れ合わない、農園＝人の出入りが少ない、と思われがちだが、必ずしもそうではない。寺坂農園では、遠方からやって来る働き手の出入りも多かった。私が働きに入ってから少しすると、バンに乗って道内を旅する夫婦がやって来た。千葉県からの長旅である。Fさん夫妻（四〇代後半）はとっても素敵な人柄で、前職は学生寮の管理で、学生たちの食事のまかないもしていたという。だから、若者との交流もごく自然である。いずれ北海道に住んでみたくて、車であちこち回りながらリサーチしているそうだ。彼らはみんなのパパとママ的存在になっていった。というか、本当にみんなからパパ、ママと呼ばれていた。（笑）

さらに、東農大（東京農業大学）の学生も一か月の夏休み期間を使って働きに来たりと、一気ににぎやかになった。

ある日、農作業が終わった頃に、F夫妻が「今日はみんなでバーベキューをするか！」と提案してくれた。準備はてきぱきとパパを筆頭に男性陣がやってくれた。それが習慣になって、しょっちゅう農園や地域の野菜を使ってジンギスカンをするようになった。食材も、食べるところもすぐそこにある。街灯などはなく、あるのは月の光と満天の星空である。天の川もくっきりきれいに見える最高のロケーションだ。

寺坂農園で外部の人と交流している様子

寺坂さんもいろいろと気を遣ってくれた。暑い日はみんなにかき氷を作ってくれたり、ある日は午前の作業が終わると、「今日はお昼、流しそうめんしよっか～！」と、どこからともなく流しそうめんのための竹を出してきて組み立てはじめた。これが実に本格的。清涼感溢れる食事となった。

先にもいったようにインドア派の私にとって新鮮なことばかり。共同で生活をしながらみんなと過ごすのは、なんだか一つの村というか大家族の感覚だった。家とオフィスを往復するだけの一人暮らしとは、全然、様子が違った。

農園ではメロンの収穫期の六～八月には直売所もやっているので、大勢の人でにぎわう。寺坂さんは自著も出している農業界の有名人だから、いろんな視察団が飛行機やバスを使って頻繁にやって来る。「今日は九州から視察に来るから、みんなよろしくねー！」と寺坂さんが声をかける。

おもてなしの意味も込めて、机を並べて、メロンを試食してもらう。農園の野菜に農園の加工品であるドレッシングを添えて食べていただく。みなさん、「美味しい、美味しい」と声を上げ、顔がパッと明るくなる。

農業は閉鎖的というイメージがあるかもしれないが、今、それは確実に変わりつつある。おいしい野菜やくだものが人を引きつけ、交流させる。そのことに農家自身が気づいたのではないかと思う。私たちが日々精魂込めて作るものを、嬉しそうに食べてくださる。私たちはダイレクトにその喜びを感じることができる。しみじみ農業っていい仕事だな、と思う。

休みの日は観光

休日はどこにも出かけず疲れた体を休めることもあったが、仲間と富良野の観光に行くことが多かった。富良野はラベンダー畑が有名だが、いい温泉もある。おいしいカレー屋さんもある。仲間とわいわい言いながら出かけて行った。

物産は農産物だけではなく、肉、チーズ、ワイン、パンなど多彩である。隣町の美瑛町も「丘のまち」として有名で、見どころはたくさん。

富良野の道の駅では、地元の野菜やその加工品を売っていた。形が悪いといって規格外にされる野菜を捨てたりすることが問題になっているが、それを加工して販売すれば、見た目の問題など解消される（ひん曲がった野菜もいいのだが……）。

ちなみに二〇二二年の食品ロスは、四七二万トン、その内事業系ロスは二三六万トン、家庭系ロスは二三六万トンである。一〇kgの米袋で、四億七二〇〇万袋にもなる。世界の食糧支援は、二〇二二年の数字では四八〇万トンで、日本のロスが均衡している。

Pwc JAPANが日本、中国（主に都市部居住者）、英国、米国で2022年に実施したウェブ調査では、「過去一年間でサスティナブル（持続可能）な商品を購入したことがあり、今後も継続したい」と答えた割合は、中国が七〇%、英国が六五%。米国が五七%に対して、日本は二四%だったという。

買い手の意識が変われば、農業のスタイルも変わる可能性がある。

ここは、そういう大きな話ではなく、農家が自分の農園や地域の野菜を使って料理を提供するファームレストランのことで、私は初めて訪れた。「野菜の魅力がちゃんと伝わるお店っていいな！」「自分でもやってみたいなぁ」と、農業との関わり方にも幅があることを知った。

生産し（一次産業）、加工し（二次産業）、販売・サービス（三次産業）をする。足して六次まで農家は進化することができる。それを目の当たりにすることができた。

心と体がみるみる健康になる

農場で働きはじめてから、心も体も健康的になっていった。朝起きたら社員さん、パート従業員含めて三〇名ほどが集まり、円になって朝礼をする。まず初めにケガを防止するためのラジオ体操をする。これが朝の眠気覚ましにもなる。

次が寺坂さんの「今日の名言」。彼が読んだ自己啓発本や経営者本から心に響いた言葉を一日一つ教えてくれる。そして、「最近のいいこと」をランダムの指名制で話していく。「自分の子どもが昨日家事を手伝ってくれた」「昨日、仲間と行った飲食店が美味しかった」などと発表する。

朝からプラスの考え方をインプットするので、次第に気持ちが前向きになる。心も体もほぐれて、いいスタートが切れそうだ。これが毎日のルーティーンである。

日中はもちろん太陽の光を浴びながら、汗をかきながらの仕事。自然と体力が付いてくる。農場の敷地は広く、一つのハウスから次の作業場のハウスまで結構な距離があり、一日三万歩以上歩くこともざらである。概算で二〇㎞超、歩いていることになる。

ある日のことである。六月、七月と本州に比べれば涼しい北海道だが、三〇度を超える日もある。その一番暑い時期にさらに暑いハウスに入って一日中作業をするのだ。もちろん全身汗だくになるがまだまだ体が慣れない私は、ひたすら周りの人の作業についていくのに必死で、多少具合が悪くなっても「今まで体を使ってこなかったから。農作業が初めてだから」と気持ちを押さえ込んだ。

でも、吐き気とめまいで作業ができなくなってしまった。「大丈夫？　顔色悪いよ、無理しないで休んだ方がいいよ」と一緒に働いているスタッフが気づいて声をかけてくれた。

これはもうだめだと思い、休憩をもらい、病院に向かった。

医者からは、「熱中症と脱水症ですね」と言われ、点滴を打って回復を待った。ずっと暑いハウスにいて、水分補給が十分でなかったことが原因だったようだ。熱中症や脱水症状になるなど初めての経験で「頑張りすぎるのもよくないんだな」と反省した。自分の体調のことよりも、みんなの作業の手を止めてしまったことの方が申し訳なかった。病院のベッドに横たわり、「初心者なんだから休んでいる場合じゃない。明日も頑張らなきゃ」と、腕に刺さった点滴の針を見つめながら思っていた。

次の日からは氷を袋に入れて首に巻き、凍らせた飲み物を用意し、前の轍を踏まないよう、こまめに水分を取る工夫をした。

毎日の作業は大変だったが、作業の終わる夕方頃、畑の周りにある田んぼの畔に寝っ転がりながら、隣の農場のまだ青い稲と夕陽を見ていると、なんとも言えない達成感が湧いてきた。

農園ではメロン以外にも、トウモロコシやアスパラなどの野菜の収穫も行った。トウモロコシャアスパラの収穫は朝早く、六時くらいには始める。暑い時期がちょうど収穫時期に当たるので、野菜も人間も朝早い方がいい。野菜は涼しい朝の方が糖度が高くなるという。

初めてもぎたてのトウモロコシを食べたときプチプチっと実がはじけて「甘い！」と思わず声が出た。アスパラも生のままで食べられるくらい瑞々しくて美味しい。私は野菜をそれまで美味しいと思って食べたことがなかった。新鮮な野菜は果物みたいに甘い。それからは野菜を食べることに興味をもち、道の駅などでご近所の野菜なども仕入れて食べるようになり、完全に野菜好きになった。

そのうち、気が付けば心も体も健康になっていた。会社員時代の私は少し体を動かすのも疲れるし、つい深夜のコンビニに寄り、大量の食料を買い込んでしまった。不規則な生活や仕事のストレスのせいか、肌も髪もボロボロだった。

それが、畑仕事を始めると、何か特別なケアをしたわけではないのに、肌も髪もきれいになっていった。

太陽の光を浴び、虫と鳥の鳴き声に囲まれ、仲間と汗を流して仕事をし、自分たちで収穫した野菜や地域の食材を使って一緒に料理をして食べる。今まで味わったことのない満足感を心と体に感じ、収穫を終えた軽トラの荷台に乗りながら、「ずっとこんな時間が続けばいいのに……続けていきたいな」そんな風に思っていた。もう農業なしで生きられないかも、とまで思っていた。

とりあえず生きていけるという安心の場所

種まきから収穫まですべての作業に関わって、「食べ物って作れるんだ！」という当たり前のことに気がついた。それと食べ物は命からなりたっている。食料イコール命なのである。それは植物でも魚でも動物でも一緒である。

お金がないと食べ物を得ることはできない。当然、食べ物がないと、生きていけない。だから、お金を手に入れないとだめだ、と思ってきた。しかし、たとえお金があっても、買う食べ物がないと、そもそもこの話はなりたたない。

私は今まで家賃と食費に最低でも一〇万円は必要だと思ってきた。社会人となって自分が興味と関心がある仕事をしてきたが、ずっと生活、つまりお金に追われている気がしていた。

しかし、農業に携わって、大きく考えが変わった。とりあえず住む場所と食料が確保できれば、最低限の生活はできる。農業に関われば、その二つが満たされる。食費は自腹だが、農園の規格外としてはじかれた野菜をいただいたり、周りの農家さんが取れすぎた野菜をおすそ分けしてくれたので、だいぶ節約できた。また、空いている土地を使ってバイトの私たちで家庭菜園をして野菜を育ててもいた。今の世の中ではお金は必要だが、農業からそれを得れば、その問題は解消される。

農家は人びとが生き抜くための食料を生産し、それを販売することで、経済を生み出している。物やサービスの生産とは必要性がまったく違う。そういう意味では、他にはまねできないハイブリッドな仕事である。

富良野から南に車で一時間ぐらいのところにある栗山町（元WBC監督の栗山英樹さんが球場を作ったまちです）で、地域起こし協力隊でいろいろな農家さんのお手伝いをしたときのことである。寺坂さんにお世話になってから二年後のこと。

知り合った農家さんから、お米や卵、野菜など食べきれないほどの量をいただいた。夏にはいただきもののイチゴやメロンに舌鼓を打った。狩猟をしている隊の先輩からは鹿肉を貰い、本当に食費がまったくかからない暮らしだった。物々交換が生きている、と言いたいところだが、貰う一方でこちらから差し出すものはほとんどなかった。

二〇一八年九月六日、胆振《いぶり》東部地震が起きた。まちは停電になり、もちろんスーパーもその被害に遭った。買い物しようにも、店がどこも開いていないのである。こんな災害時も農家とのつながりがあれば心強い……そう思った。

野菜ソムリエの資格まで取得

寺坂農園の後、翌年も「もうワンシーズン農業をしてみたい！」と思い、今度は拠点を札幌に移して、その近郊で働くことができる農園を探し、結局、知人の紹介で面白そうな人に出会うことができた。

札幌西区の農家で、シェアハウスも展開している「谷口めぐみ農園」のめぐみさんだ。彼女は三〇代前半で、実家が農家で三・一一の震災をきっかけに暮らし方を考えるようになり、東京から実家に帰ってきたという。

津波、そして放射能汚染でコミュニティがバラバラになり、人とのつながりが大切だと思うようになり、実家の空いている一軒家で女性限定のシェアハウスを始めた。家の目の前には小さい畑があり、札幌市内といいながらも山に囲まれているのどかな場所だ。

シェア畑に集まる仲間たち（谷口めぐみ農園）

谷口農園は家族経営で、小松菜、アスパラ、トマト、ナス、トウモロコシなど当時三〇種ほどの野菜を作っていた。めぐみさんと私の二人だけで作業をすることも多く、お互いのやってみたいことや、農業の課題など、いろいろな話をした。そのなかで出てきたのがシェア畑の話だ。札幌の中心部まで車で三〇分くらいの近さである。「都市の人にも農に関わる機会を作りたいね」と話が合って、空いている土地を開墾してシェアファームやることにした。
早速お互いの知り合いに呼びかけたら、一〇人くらいの人が集まった。シェアハウスに住んでいる人や会社員、料理研究家の友人など多様なメンバーである。それぞれ「安心安全な野菜に興味がある」「農業に興味があった」「自然のなかで暮らしたい」など、意外と周りにいる友人が農業に関心があることがわかって驚いた。しかし、ショックが強かったのは友人の方だ。

「驚いたのはこっちだよ。マリがまさか農業をやると思わなかったもん。あんたがやってるって思ったら興味湧いてきちゃった」

専門学校時代からの先輩の弁である。

雑草や樹木が鬱蒼としている土地を開墾して、それぞれ植えたい種を植えて、時期になったら収穫をする。みんなで集まれる日を決めて、穫れた野菜で料理を作り、苦労話に盛り上がり、わいわい言いながら食べた。農家でないかぎり、開墾から収穫まで全部経験するなどありえないだろう。

農業に仕事として関わるばかりではなく、趣味や遊び感覚でも体験できる。農業がきっかけとなってできるコミュニティもあるんだ、とも感じた。

さらに、規格外の野菜を使って何かできないかと考えた。谷口農園は多品種の野菜を作っていて、収穫時には規格外のトマトやナスなどの野菜を袋一杯貰った。おかげで食費は浮いたわけだが、貰った野菜でベジタリアン料理や野菜スイーツの試作を行った。曲がっていようと、寸が足らなくても、傷があろうと、味は変わらない。それを捨てるなど、言語道断である。野菜の可能性をもっと広げたい！　と思った。

そんなときにちょうど、「夢ＬＩＶＥっていう、若者がそれぞれ自分の夢をステージで表現するライブがあるから、マリさんも参加しませんか？」と声をかけられた。札幌市内で友人が開催しているものだ。野菜を使って何かしてみないかという。少しでも野菜の魅力を知ってもらえる機会になればと思い、規格外野菜を使って、トマトのムースや、ナスやニンジンのケーキを作って会場で無料で配った。出演者や会場の人から「美味しい」という声をたくさん貰い、「捨てられる野菜もやっぱり価値あるじゃん！」と意を強くした。

その後も、野菜の魅力やその可能性に取りつかれ、野菜料理を研究しまくった。ついに野菜ソムリエの資格まで取得した。そんな私の奮闘している姿を見て、札幌から南に一時間ほどの恵庭市で喫茶店をやっている友人が、

「マリちゃん、うちのお店で野菜のお料理のイベントやってみない？」

と誘ってくれた。そんなことやったこともないし、できるだろうか？　と不安があったが、思い切ってトライしてみることにした。いろいろ不手際がありながらも、自分が美味しいと思った農産物を自ら調理し、来てくれた人に食べてもらった。「野菜のファンになった」「苦手だった野菜が食べられた」など温かい言葉が返ってきた。野菜をあいだに置けば、いろいろなつながりができる、と実感したイベントだった。

その成功に味をしめて、たびたび野菜料理を振る舞うイベントを行うようになった。札幌ひばりが丘の飲食店の敷地を解放して開催されていたＣＯＣＯマルシェで、野菜中心のお弁当を作って販売してみたら、限定三〇食が即完売ということもあった。

こう書いてきても、農業を始めてから、人との縁が広がったように思う。食を介するリンケージには意外な広さ、強さがある。しかも、それはこちら次第だということがわかってきた。こちらに熱意とアイディアがあれば、人は興味をもってくれ、一緒に何かしようよ、と言ってくれる。黙って燻っていても、だれも声をかけてくれない。小さなことでもいい、自分の考え、意見、発想を発信することが大事なのだ。

2　えっ、この人たち、みんな農家なの?!

土作りの重要さを学ぶ

農業に関心をもちはじめ、もっと深く知りたいと思い、いろいろな関連本をネットで購入して読んだ。作業の後や休みの日に部屋や畑に寝転がりながらの読書である。

農業の世界は知るほどに奥が深く、栽培方法もいろいろである。現代の多くの農家が実践しているのが、化学肥料や農薬を使う「慣行栽培」。有機農薬・肥料を使う「有機栽培」。肥料も農薬も使わない「自然栽培」。他にも畑を耕さない不耕起栽培や、占星術を取り入れたバイオダイナミック農法など、いろんな手法と考え方がある。

「農薬」は野菜が病気にならないように撒く薬で、これもメーカーが出しているものが何十種類もある。「肥料」は、栄養を供給するために土や植物に与えるもの。これも化学肥料と有機肥料があり、それぞれたくさんの種類がある。タネにも子孫を残す「固定種」や、子孫を残さず均一な品質の作物を作りやすい「F1」、品種改良されていない「在来種」などの種類がある。

農薬や肥料について知識を増やしていくなかで、一番重要なのは「土」ではないか、と思うようになった。農家さんの話を聞いていても、どれだけ「土づくり」で苦労したかという話になることが多い。

土があるからといって、どこでもタネを蒔いて、水と太陽があれば育つわけではない。土づくりがうまいと、作物も美味しいものが出来、生産量も上がる。その「うまい土づくり」って何なのか。

放牧地の土壌分析の様子（グラスファーミングスクール）

それを知りたくて、プロの農家さんが参加する「グラスファーミングスクール」という北海道で開催されている土づくりの勉強会に、知り合いの農家さんの紹介で参加した。参加費は二泊三日の講義が宿泊込みで五万円と決して安くはなく、「こんなド素人の私が参加していいのだろうか？」と思ったが、そこは度胸を出して参加してみた。

私が参加した年のスクールは、北海道の北東部にある紋別町で開催された。道内のあちこちから酪農・農業経営者が多く参加していた。女性は私だけだったので、緊張しまくっていた。

その催しは「創地農業21」（石狩郡当別町に所在）という

団体が運営しており、農業技術の研究、畜産・酪農のリーダーの育成、新しい農業の価値づくりの三つの柱で活動をしている団体である。人、動物、環境に負荷の少ない畜産・酪農経営を推奨している。

いい牛乳はいい草を食べる牛から、いい草は栄養価のある土壌から生まれる。畜産・酪農家がいい牧草を育てるための土づくりを学ぶ勉強会であったが、以前「米ぬかを肥料として土に与えると生育がよくなった」「コーヒーのかすを土壌に混ぜたらミミズが増えた」などの話を農家さんから聞いたことがある。土づくりという面で畑にも通ずる部分があるのではないかと思い参加した。講師は帯広畜産大学の土壌学専門の教授や海外の牧草栽培学の専門家である。

講義のなかで言われたのは、「放牧している牛が食べている草は、ただ雑草を食べさせているわけではなく、計算して育てた草を食べさせている」「きちんと栄養がある草を育てる方法がある」ということである。

内容は専門的過ぎて、ちんぷんかんぷんだったが、土の中には無数の虫や微生物がいて、それぞれに役割があるというのは、強く印象に残った。フィールドワークで実際に畑や牧場に行き、生産者をまじえて土壌分析を行った。

土を掘り返すと虫がうじゃうじゃ出てくる。「気持ち悪い！」と最初は思っていたが、先生の話を聞いた後は平気になっていたから不思議である。「虫や微生物は総がかりで、さまざまな生物の死骸をえさとして分解し、二酸化炭素や窒素などを生み出し、あるいは植物の生育に必要な養分などに変えている」らしい。虫や微生物たちは、自然界の物質循環にとても大きな役割を果たしている。

つまり、虫や微生物がいないと、作物ができないし、そうなると私たち人間も生きられない。一番わかりやすいのがミツバチだ。多くの作物は受粉しないと実っていかない。ミツバチが雄花の花粉を運んで雌花に受粉させて初めて農産物が実っていく。ミツバチがいないと世界の農作物の三分の一が失われる、という説もあるくらいである。

虫や微生物の役割の大きさを知ってから、畑で虫を見るたびに、「この子たちも一緒に働いているんだ」と思うようになった。いわば同志的な気分である。先に挙げた不耕起栽培は土を耕さない方が、虫や微生物が活発に活動し、土を柔らかく豊かにしてくれる、という経験から生まれたものだ。微生物と一緒になって畑を作るわけである。

農業の変数、多し

農業に関わる変数は、意外なほど多い。天候の変化がその最たるものだが、市場の需給見通しなどの経済的影響を受けるし、補助金など国のお金もいろいろなかたちで入っているので、政治的な側面もある。そこに世界情勢なども関係する。ウクライナにロシアが侵攻したことで、トウモロコシ輸出のための港が使えなくなり、穀物相場が上がり、石油高騰ともあいまって、今日の食料を必要とするアフリカ諸国ばかりか世界全体に大きな影響を与えた。

日本の酪農家が使う配合飼料の原料の九割は輸入に頼っている。トウモロコシなどがその原料だが、ウクライナ、そしてコロナ禍で、酪農家は手ひどい打撃を受けた。

最近は、野生動物が人間の住む近辺まで下りてきて、いたずらをするばかりか人間を襲ったりしている。山にいれば山の生き物だが、里に下りてくれば害獣にされる。北海道ではシカやアライグマ、キツネなどにどう対処するか、課題となっている。ちょうど収穫適期の農産物を食べてしまうのだ。

もちろん、農産物をどのようにお客さんに届けるか、どう真の価値を知ってもらうか、売上をいかに上げるか、という問題もある。どうしても、経営やマーケティングのスキルが必要になってくる。

このように戦争から微生物レベルまで、農家を取り巻く状況は多岐にわたる。それを一々考えていたら頭が変になってしまいそうだが、現実に目の前に現れる問題は、それらが複合したものといっていい。飼料代が高くなったなぁ、どうしようかなぁ、と考える先に戦争や異常気象がある、ということである。

農業はもともと外に開かれた産業である。そうでなければ、やってこれなかっただろう。それを日々の仕事のなかで実感することが多い。そして、もっと開いていける要素をもっている、とも思うのだ。

最先端技術が導入されている

農業に興味をもちはじめた私は、どんな農家がいるのかインターネットやＳＮＳを調べ、これはと思う人に連絡をとり、会いに行った。

力仕事、汚れる仕事と思っていたが、最近の農業は機械化、というかＩＣＴ（情報通信技術）を活用し、作業の効率化や管理の自動化も進んでいる。それを総称してスマート農業といっている。

私が働きに行った農園では、いわゆる「長年の勘と感覚」で農作業をしているところが多かった。作物の様子を見て、元気がなければ「もう少し水をあげよう」とか、気温が上がりすぎれば手動でハウスの両サイドの開け閉めをして、室内の温度を調整する。畑の要所要所の土壌の成分を定期的に検査して、「窒素が足りないから、もう少し成分を入れよう」というのは、なかでも科学的にやっている方だった。

米や麦など広大な面積で植え付けをするときは、機械に乗り込んで、長時間、田畑をぐるぐる回るのは当たり前だった。あまりに広いので、自分がどこの場所をやっているのかわからなくなり、同じ箇所を二度やっていたという笑い話がある。しかし、ＧＰＳを備えたトラクターの自動運転の技術も進んできている。広大な畑を歩いて行う肥料散布や生育状況の管理も、ドローンを飛ばして行えるようになった。

北海道では大規模農業が多く、機械を導入するインセンティブがもともと高い。とくに十勝地域や岩見沢市（札幌から北東に車で五〇分。農業のＩＴ化先進地）などでは米、麦、大豆、ビートなどを中心として、先進の機械を積極的に導入していることが、広く知られている。北海道以外の地域でも農地の集約化が進んで、一軒あたりの農家が生産する農地面積が広くなってきたので、高価な機械を入れても割に合うようになってきた、といわれる。

岩見沢市では、自動、しかも無人で動くロボットトラクターを使っている農家もある。無人トラクターは耕運、播種、肥料散布など、普通のトラクターが行う一通りの作業をこなす。今までは、トラクターを運転できる技術が必要だったり、その機械を動かすために人を雇わなければいけなかったが、それらが無用と化しつつある。労力ばかりか時間の節約になり、ひいては売上の向上につながる。

平野ばかりか傾斜地でも、先進の機械が活躍している。たとえば、ミカンや梅などは山の中の作業になるが、本来であれば作物を積んだ五〇kgほどのコンテナを人力で運ばなければならない。私が働いたミカン農家さんなども、収穫したミカンを入れた重いコンテナを男性陣が軽トラのあるところまで担いでいた。いつも、腰を痛めないかな、大変そうだなぁ……と不安になった。

しかし、Ｅキャットキットという組み立て式の電動ネコ（手押し車）を活用することで、そういう力仕事から解放される。私自身も一二〇kgもあるコンテナを電動ネコで運んだことがある。

農業に関わる以前は、全部手作業やっているんだろうな、と思っていた。機械が入っても、デジタル技術とは無縁ではないかという偏見があった。ところが、農地の拡大とそれに反する人手不足などの圧力もあって、ＩＣＴ搭載のマシンがどんどん入り込んでいる。つまりそれを必要とする農家の人たちがいる、ということである。

身体を動かす農業のよさももちろんある（ＩＣＴ導入は基本的に大規模農家が多く、小規模な農家ではまだまだ体力勝負の面が強い）。しかし、もうそれだけでは、やっていけなくなっている。画像処理の技術が進んで、葉っぱ一枚一枚の健康具合いまで測れるようになった。その膨大なデータを保存し、解析し、精度を上げている。達人たちが朝まだきに視認していたことが、機械によって代替されつつある。若者たちが先進化した農業を好意的に受け取り、就農のインセンティブになっているといわれる。

汗をかいて身体を動かす農業に新鮮なものを感じた私とすれば、ちょっと寂しい気もするが、農業の将来を考えれば、ある意味、明るい話でもあるのである。

土のない農家――ＩＣＴでトマトの養液栽培

農業に関わりはじめて少したった頃、ある生産者から「畑の作物の葉の反射の光を衛星が察知して生育状況がわかる」という話を聞いたことがあった。十勝で五〇～六〇haと大規模にイモや大豆、小豆、麦などを作っている農家さんである。その広さで、いったいどうやって畑の生育状況を管理しているのだろうかと謎だったが、そういうテクノロジーが使われていたのである。

しかし、農業に関してまったく無知に近く、大きな機械が畑で動いているのを見るだけでも驚きだった私にとって、ＩＣＴは余りにも縁遠い話にしか思えなかった。

それに、ＩＣＴ農業に関して、あれこれと話題になりはじめたのは、二〇二〇年頃だったと記憶している。その頃から、農家さんが「畑の生育をＧＰＳで管理できる」などと話題にのぼせるようになった。それで、ようやく私も関心を抱くようになった次第である。

そういうこともあって、ＩＣＴ導入の現場に触れたのは、ここ最近である。

そういう先進の働き方をしている人に出会った。沖縄県うるま市でＩＣＴを活用してトマトの養液栽培をしている、トマタツファームの新里龍武《しんざとたつむ》さんだ。彼は新たに農業を始めた人で、ＩＣＴによって栽培のデータ管理を効率化し、沖縄県では珍しい通年でのトマトの養液栽培に挑戦している。

冬、沖縄に滞在していたときに、「折角だから、どこか面白い農場に取材に行きたい」と思い、ＳＮＳで調べところ、新里さんのことに目が行った。ＩＣＴでトマト栽培!?　俄然《がぜん》興味が湧き、連絡を入れて、お会いできることになった。

二〇二三年五月のこと、彼は当時三一歳。アポイントを入れて、新里さんの農場のある沖縄県中部地域のうるま市に那覇から車で移動していった。三月だったが、沖縄はもう十分暑い季節だった。那覇からの街並みを抜けて、畑と沖縄らしい青い海が広がる道を一時間半ほど運転して到着した。

新しそうなハウスが何棟かあり、ここで間違いないと思い新里さんに電話をすると、ハウスから出てきてくれた。「今日はよろしくお願いします」と、黒いTシャツにトマタツファームのロゴが入ったTシャツを着て登場した。物静かそうで控え目な印象であったが、きっと熱く強い信念をもっている方なのだろうなと思い、その農業スタイルについていろいろと尋ねてみたかった。

さっそくハウスの中に入ると、「あれ!? 土がない！ しかも土足厳禁!! それに培地にトマトが植わっていて、コンピュータみたいなのがある！」と続けざまに声が出た。

通年で獲れる養殖トマト

通常は地面には土があるのに、それがない。それってすごく衝撃的なことである。さらに、ふつうはハウスの横に作物に与える肥料などが置いてあるが、ここはハウス内に大きなオレンジ色の養液の入ったタンクがある。他にも大きな扇風機があったり、全体に機械的な印象をまず受けた。
トマトの苗に近づいてみてよく見ると、土ではなく培地に植わっていて、そこになにかセン

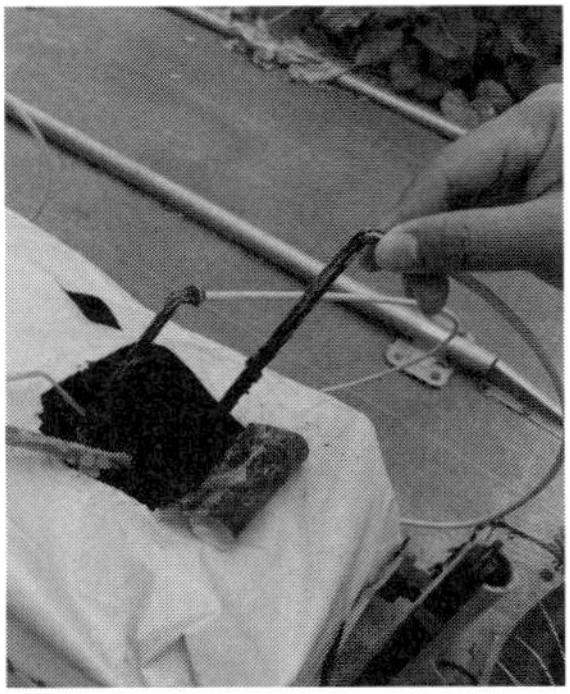
土中の水分や養分量を測るための管を土壌に差し込む

サーのような棒が刺さっていた。ハウス内の日射量や気温に応じて培地に必要な水分、養液が自動で流れてくるシステムになっている。温度の変化をセンサーが感知し、これも自動でハウスの屋根の開け閉めや扇風機のスイッチオン・オフをやってくれる。

新里さんが、「これがトマトの養液栽培とデータで栽培を管理する道具なんです」と話してくれる。新里さんはもともとプロのバスケットボール選手（身長一七九㎝ある）だったが、ケガをきっかけに、転職を考え、実家が石垣島でマンゴー農園をやっていたので、当初はそこを継ごうと思ったものの、販路が広い沖縄本島で就農することに決めたという。

なぜ土がないのか？　ハウスの中になぜコンピュータが？　就農前に視察に行った兵庫県神戸市の「東馬場農園」の影響だと話す。

私が驚いたように、新里さんも土なし、コンピュータ管理のハウスの様子に衝撃を受けたという。「しかも、養液栽培をしていて、ハウス内の温度や肥料・水の調整もデジタルで管理していたんです。この方法なら、僕も沖縄で周年栽培をすることができるし、効率的な農業ができるんじゃないかなと思って、それで今のかたちにしました」

今まで、私が見てきた土を使った土耕栽培の農園では、たとえばトマトの葉が黄色くなると、

「肥料が足りていないのか、水のあげすぎか、はたまた、何か別の病気にかかったのか」など園主も断定的に作物の状況を判断できないこともある。

でも、この方法だったら肥料が足りていないのか、水不足なのかなどの状況がデータとして見られるので、素人でも判断がつく。

「長年の勘や経験じゃなくてデータを基に、しかも自動で管理栽培することで収量も上がり、売上も普通の農家より五倍はあるんじゃないかと思います。ハウスの状態や作物の様子のデータもスマホで見られるので、ずっとハウスにいなくてもいい。従業員や僕の休みもきちんと取ることができるんです」

利益が出て、休みも取れて、というのを、農業で実践したのが珍しい。とくに、休日がきちんと取れるというのがいい。これは新里さんが構築したシステムがなければ、実現できなかったことだろう。

「それと、島の人が島のものを通年で食べられるような農業をしていきたい。農業で沖縄を豊かにしたい」

「農業で沖縄を豊かにしたい」私はこの言葉を噛みしめた。静かに淡々と話してくれたが、内に秘めた熱いものを感じた。

新里さんは農業を始める資金を自分自身で調達した。クラウドファンディングを活用し、五〇〇万円集めたが、彼の構想が斬新すぎたので、行政の支援を十分に受けられなかったための苦肉の策だった。

「自分でクラウドファンディングのページを作り、チラシも一万枚刷って、企業に飛び込みで説明に行ったり、紹介を受けて担当者に会ったりしました。そしたら意外とみんな興味をもってくれて、ファンディングをしてくれたんです」

クラウドファンディングは、ただサイト内で告知して終わりかと思っていたが、一人で実地の営業努力を重ねたのだ。それだけ強い思いをもって、新しい農業を始めたかったのだ。〝夢〟が彼を動かした原動力かもしれない。

SNSで農家の日常を発信——ひと玉六五〇〇円のすいか

もう少し先進技術の話を展開していこう。

最近は、SNSのInstagram(インスタグラム=インスタ)を使って農産物を販売している農家も増えてきている。私がインスタで発見したのは沖縄県今帰仁村《なきじんそん》でスイカを生産販売している女性である。「沖縄の海や畑の景色と一緒に農作業している美人さんを発見!」である。上間《うえま》泉穂《みずほ》さんだ。

上間さんのすいかは、ひと玉五五〇〇円~六五〇〇円する。「かりゆしすいか」という独自のブランドを立ち上げて、インスタでは自分が農作業をしている様子や、日々の農家の何気ない暮らしを配信している。現在フォロワーは一・五万人。まだまだ農業=男性がやるものという〝常識〟があるが、女性の発信者は、やはり目に留まる。「スイカひと玉ってそんなに高く売れる？」だれしもそう思うに違いない。私も同じで、さっそくインスタから取材依頼のダイレクトメールを送り、アポを取り、直接上間さんに会いに今帰仁村の農場に行った。二〇二二年三月のこと。

今帰仁村は沖縄の北部にあり、山々が連なるのどかな場所である。待ち合わせ場所の北山商店の前にレンタカーを停めて待っていると、白い軽トラがやってきた。上間さんはピンクのつなぎを着てかわいらしい感じ。インスタでずっと見ていたので、なんだか「アイドルに会った」ような気持ちになった。

上間さんとかりゆしすいか

軽トラに先導されて、農場へと向かった。到着してハウスの中で話を聞くことになった。そこにはこれから畑に植えるためのスイカの苗があった。

泉穂さんは、じつは神奈川県小田原市の出身。都内で会社員生活をしていたが、旅行などで大好きになった沖縄県に移住した。それが二〇一二年のことである。農家の旦那さんとの結婚を機に、スイカの生産・販売を始めた。当時は、農協が決める価格で出荷していた。

「農協に出すと他のスイカと同じ値段で買い取られるじゃないですか。それが納得いかなくて。おいしいものを作ったら自分で値決めしたいなと思ったんです」

二〇一九年一〇月に夫婦で相談の上、独自ブランドを立ち上げ、前述のようにインスタを活用して顧客を募っている。

「今だと、ＳＮＳでスイカ販売します！　ってつぶやいたら即完売しちゃいますね。収穫している七割はＳＮＳだけで売れちゃいます」

泉穂さんは外見とは違って、実際話してみると、ハキハキしていて、かなり意志が強い女性という印象を受けた。

それにしても、多くの生産者が販路の獲得や農産物の価格低迷に頭を抱えているのに、どうして高価な値付けですぐに売り切れるのか。

「お客さんは、スイカを買いたいだけじゃなくて、私のインスタグラムの投稿を見て、毎日スイカ作りに奮闘している様子や、生産者の思いに共感して購入してくれているんだと思います」

たしかに泉穂さんは毎日欠かさずインスタに投稿し、つねに情報を更新している。その一所懸命な様子や、それに応えて成長していく植物の姿を見れば、よし、サポーターになろう、と思う人がいるのも頷ける。

「みんな、収穫のときとか特別なときしか投稿しないと思うんですけど、それじゃ消費者との信頼って生まれてこないと思うんですよね。作業に失敗したときとか、何気ないことも投稿し続けることで、ファンになってくれたりする。それが消費者との信頼作りにつながると思うんです」

「いろんな果物とかお米まで送ってくださる方がいます。その篤い思いに感謝しかありません」

農繁期に情報発信が途絶えがちになったり、自分に都合のいいことだけ発信しがちだが、地道にコツコツあるがままを発信することが大事なんだと気づかされる。農業と一般の人のあいだに欠けていたのは、そういう普段の交流だったのかもしれない。

泉穂さんは土地に根付きながら、SNSを活用して既存の流通とは違う農業を行っている。私は同志と出会ったような気持ちだった。「一緒に面白いことができるようにお互い頑張りましょう！」そんなことを話して、農場を後にした。

若くて夢があって、儲かっている農家も多い

農家といえば、お年寄りがやっていて、労働の割に儲からなくて大変そう——たしかにそういう厳しい現実が厳然とあるわけだが、私がいろいろと出会った農家の人たちは概して若くて、夢と希望に溢れた人が多かった。特別そういう人たちを選んだ、というわけでもないのだが……。

私がそもそも農業に興味をもちはじめたのは、十勝の新聞社時代のこと。都会志向の私だったが、三・一一の東日本大震災をきっかけに、地方で暮らそう、地域貢献の仕事につきたいと思い、地元の新聞社に就職をした。仕事でいろいろな人たちの話を聞く機会があり、地域の特性からいっても、そのなかに農業生産者の人もいた。

地域の若手経営者主催の異業種交流の場で出会った人たちは「え、この人、農家なの？」と思うほど私のイメージとはかけ離れていた。二〇～三〇代で若くて夢があって儲かっている農家ばかりだった。私の農家のイメージは、今から考えれば大変申し訳ないが、地味であまりイケていない……というものだった。それがみなさん、今風の恰好のお兄さん、お姉さんが多く、自分の農業経営や地域の未来について熱く語り合っていた。新卒で二〇代前半だった当時の私には、それまで見てきた大人のなかで一番楽しそうで前向きでイキイキしていてかっこよく映ったのが、彼ら農業者だった。

たとえば、二〇代後半の和牛農家、十勝更別村《さらべつむら》の松橋農場の松橋泰尋《まつはしやすひろ》さん（四〇代前半）は、自分の農場のブランド牛を育て、販売していた。通常は屠殺所で屠殺され、解体、内臓処理をされた肉をセリにかけ、落札した仲卸業者が肉屋に販売する。その際に産地は明記されているが生産者の名前はない。松橋農場は、消費者と直接つながり、販売をしているので、松橋さんの名を印している。

それだけではなく、他と差別化をするために一〇〇％北海道産の原料を使っている。さらに、自分の農場で穫れた豆類、麦、さらに地元企業のビールかすやおからなどを配合している。通常、ほとんどの農場が海外の輸入飼料を与えており、それは完全には栽培方法が把握できない飼料を与えていることになる。しかし、松橋農場は穀物のトレーサビリティがわかるものを牛に与えている。それが消費者の安心感につながり、差別化にもなる。海外の政治・軍事事情に左右されないことで、安定的に出荷できる点も、利用者には安心材料となる。

同農場は都内を中心とした星付きレストランと直接取引をしたり、ＪＡＬの機内食に出したりもしている。自身が拘り、手をかけた肉が、一流の場で提供されているのだ。

さらには、自分の肉牛や仲間の農家が作った農産物を食べてもらえる飲食店を帯広と札幌に出店したいと熱く語っていた（後にその構想を実現した）。彼が異業種交流の会に顔を出したのも、幅広い人脈づくりもあるが、他の業種からの刺激を受けたいがためだという。

その話を聞き、にわかには信じられなかった。私の農家のイメージとまったく違ったからだ。肉質を飼料で変える？　一流店で採用される？　自分で飲食店を出す？　狐に鼻を摘まれた感じだったが、それからいろいろな農家さんから積極的に話を聞くようになった。

ある農家さんは、地域の子どもたちの食育のために畑に彼らを呼んで、実際に自分で農産物を収穫し、調理したものを食べてもらうイベントを行っていた。穫れたての一番美味しいものをみんなに食べてもらう。今ここでしか味わえない体験を提供して、地域のみんなに喜んでもらいたいという思いから始めたものだ。

作物が実っている様子や、その新鮮な農産物は、他のどこにも再現性がない、今だけの、掛け替えのないものだ。

普通の企業だと他の企業と競争したり、いかに売上をあげていくかという点を重視しがちだが、私の出会った農家さんの夢は違った。簡単にいえば、どうやったら人々に笑顔になってもらえるか――それを一生懸命考えて、実践している、という印象だった。

農家が小・中学校で子どもを相手に農業の話をしたり、自分の畑を開放して地域の人に旬の野菜を食べてもらう食の交流イベントなど、地域活性化につながることを考えていることにも驚いた。なかにはハワイやキューバにまで足を運び、地域の農産物のPRをしたり、今後の農業のあり方を模索する農家もあった。

そんな若くて夢がある農家たちと出会い、一気に農業に対するイメージが変わっていった。みんな、自分がやっていることに自信と誇りをもっている。それが中心にあって、しかも農産物を作るだけで終わらない、もっと広い視野を感じた。

農業従事者は二〇二〇年で、六五歳以上は七〇％（九四万九千人）、四九歳以下は一一％（一四万七千人）である。意外なことに女性の割合が三九・七％で、二〇〇五年では四五・八％と半数近くいた。ちなみに漁業従事者は六五歳以上が三八％（二〇二〇年）。

農業は定年のない世界だから、高齢者の数値が高く出る傾向があるだろう。それに従事者の人口減のなかで、自然と高齢者の比率が高まるのも無理はない。

一方で、農業法人や新規雇用就農者の増加という現象もある。前者は農地法が変わり、一般の会社の参入が可能になったことが大きい。二〇二三年で、団体経営体のうち法人経営体数は三万三千で、前年に比べ二・五％増加している。

後者は、二〇一六年の数字でいうと、一万六八〇人であり、うち四九歳以下は八一七〇人で、前年より二・四％増加している。二〇〇九年から就農者が増加し、非農家の出身者が法人へと就職するケースが増えている。

農業大学校の入学者でも、非農家出身が一九九五年は二四％、二〇一八年は六〇％だった。農家出身でない若者が農業を目指す動きが顕著である。

高齢化だけを見ると、気持ちは暗くなるばかりだが、新しい芽も育ってきているのは、数字からも明らかだ。

出会った農家さんたちは、みんな生き生きしているお兄さんやお姉さんばかり。当時二〇代前半の私は自分の人生や目標に迷いがあり、自分に自信がもてなかった。それが、素敵な農家さんたちの背中を見て、自分の人生を生きる勇気をもらった。私も彼らのように夢をもって活動していきたい。自分なりの農業との関わり方を見つけたい。

それが結局、フリーランス農家という今の働き方に結びついた、と思っている。

この農家、豊かすぎる?!

農家は苦労が多い割に儲からない、という悪イメージもある。しかし、確実に利益を出している農家さんがいることは余り知られていない。

全国的な農家の平均年収は四〇〇～五〇〇万円（粗利から経費を引いたもの）と、そんなに低いわけではない。しかも私が生まれ育った北海道の農家の平均年収は八〇〇万である。もちろん一千万円以上の収入の農家もあれば、売上1億円以上の農家もある。暮らしぶりは豊かで、畑に大きな一軒家を建てている人もいれば、外車を何台も持っている人もいる。

地方で職種の幅が狭いことを思えば、地方を支えているのは農業といえる。

十勝地域のある農家さんで開かれるバーベキューパーティーに呼ばれたことがあった。そこに近隣の農家仲間が集まってきた。広大な畑の敷地内に、大きな丸太のバンガローに露天風呂がついているゲストハウスがあった。周りは大草原が広がり、夜は星屑が一杯輝いている。

シチュエーションは抜群で、しかも食材が豊富で豪華、すべて生産者の持ち寄りである。肉牛を育てている人もいれば、野菜農家さんもいる、おまけにワイナリーをやっている人もいる。すべて自前で揃ってしまうのだ。そして、美味しい。作り手の格別な話を直接聞きながら食べると、味わいが違う。まち中で同じ体験をしようと思うと、一体いくらかかるものだろうか。

農業への関心が次第に深まっていくように感じた一夜だった。

夜の菊が人を呼ぶ

食の生産だけが農業ではなく、その副次的な効果にも注目が集まっている。沖縄県読谷村《よみたんそん》の「花の観光農園サンセットファーム」は菊の生産販売をしているが、インスタグラムで情報発信して、いわゆる〝電照菊〟で旅行者の目を楽しませている。電照菊とは、菊を育てるためのハウスの夜間照明のことで、赤やピンクのそれが夜空に映えて美しい。

夜を輝かせる電照菊（花の観光農園サンセットファーム）

沖縄は知る人ぞ知るように、菊の生産が日本一。生産が盛んになる冬の時期になると、電照菊が華やかに光り出す。「沖縄は観光の地域であるが、夜の観光スポットが少ない」そんな視点に気づいたのが農業生産法人株式会社IKEHARA代表で観光農園Sunset Farm Okinawaの運営を行っている池原浩平さん（四〇代前半）だ。

これがイルミネーションのように見えることから「キクミネーション」と命名。沖縄の冬の風物詩が夜の観光にもなると、池原さんが気づき、観光農園として開放した。来場者は入場料を支払わずに、「お気持ちボックス」という募金箱にそれぞれが感じた価値にふさわしい金額を入れる。そんな工夫で初年度だけで五〇〇万円近い利益を上げたそうだ。

農業の可能性を広げる試みとして、とても面白い。

外国人観光客には、日本の里山の何気ない風景が、まるで仙人峡のように見えて人気だという。小高い山に囲まれ、小川が流れ、数軒の農家の屋根が見える——日本人からしたらそんな当たり前の風景が、外国人には貴重なものに映るらしい。

その風景の中心にある農業にも触れてもらう工夫をすれば、もっと外国人観光客の気持ちを掴むことができるのではないだろうか。農業を幅広く捉える視点が大事な気がする。

2章 おカネも土地も ワザもなし

――フリーランスしかないでしょ！

1　知りたい農業の情報がない、そしてわかりにくい

農業への関わり方がわからない

まえの章は私が農業に惹かれた、どちらかというと明るい面に焦点を当てた。この章では、農家になろうとしたらどういう障害が立ちはだかるのか、そういう面を考えていきたい。私がフリーランスという選択にたどり着いたのは、農業の抱えるある種の問題を避けようとした結果ともいえるのである。といっても、前向きな選択なのは確かなのだが。

農家さんに働きに行けば、そこに同世代の仲間がいて、たいていアルバイトで働いていた。なかにはいずれ農業を始めたいと明確な目標をもつ人もいたが、たいていの人は、農業や自然に憧れたから、農家さんのお世話になっているという感じの人が多かった。フリーは結果であって、所期の目的ではない……といえるかもしれない。その人たちはどこかで農業を離れていくかもしれないが、今は好きでやっている、ということである。

フリーランスは業務委託を受けて自らの技能、サービスを提供するプロのことである。アル

バイトの人たちは経験を積んで、それなりの専門性をもつだろうが、農家とはあくまでアマチュアとして関わるわけである。

当時、私はまだ農業の世界に何も知らずに踏み込んだだけの存在だから、とうていフリーランスなどといえたものではないし、そもそもそういう発想自体が浮かんでこなかった。いろいろな農家について見聞を広げて、そのバリエーションが結構あることはわかっても、その時点では農家になるかならないかの選択しか見えてこなかった。農業の技術は未熟で、経営の経験もない。そんな人間がプロとして、どこで農業と関われるのか——それがわからなかった、というか、そこまで考えが及ばなかった。

貧寒なネット情報

それにしても、私の求める情報がまったくネットにはなかった。たとえば、「農業 求人」と検索してみた。

「……」

画面に出てくるのは、大手の求人サイトで、そこに農業関連情報も集まっている。なかを調べると、給与や勤務日数、勤務地などしか記載されていない。地域を特定して、「北海道 農業 求人」とやってみても、同じような情報しか出てこない。

私は、対価を得るための仕事というよりは、農家の思いや、そこはどんな農業スタイルで、どんな暮らしができるのか、何が学べるのか、そういうことが知りたいのに、まったく触れていない。たわわに作物が実った畑や美しい風景の写真がデザインされているが、私が必要とする情報は出てこなかった。

寺坂農園で働き、農作業で有益で意義深い時間を過ごすことができる、と感じた。そこで働く者同士、お互いに与え合うものが多いとも思った。農家は家族経営が多く、そこに地域のなじみの人や私のような農業に関心のある者などが集まってくる。つまり同志的な気分が横溢《おういつ》しているのだ。

だからこそ、給与などの外的な条件だけではなく、そこがどういう思いで農業を営んでいるか知ったうえで、働きに行きたかった。しかし、一〇年以上前だからそうなのではなく、SNSが普及しても、事情は変わらない。農家の人柄や、そこでどんな経験ができるかわかるようなプラットフォームはない。求人広告というのはそんなものだ、ということなのだろうが、私は大いに不満である。

私のような動機の人間は少数派ということなのだろうか。少なくとも農業に憧れて働く人々には、どこか共通の部分がある。どういう考えで営まれている農場だろうか――漠然とそれを知りたがっている。

マルシェで人脈作り

こうなったら、直接会いに行くしかない。私は、農家さんが集まりそうなイベントに足を運んだり、知り合いに頼んで新しく農家さんを紹介してもらった。寺坂農園の後、札幌市内に住んで、既述の谷口めぐみ農園にお世話になりながら、農家との接点をもつためにいろいろなイベントに出まくっていた。

よく顔を出したのはマルシェである。フランスでは日常的に使う市場のことだが、日本では野菜などがイベント的に売られる場所といった意味に近い。農家が自分で育てた野菜を直接消費者に販売するイベントが大なり小なり、あちこちで開かれている。

ある日私は、洞爺湖で開催されていたマルシェに向かった。洞爺湖キャンプフェスLOVETOYAという大きなイベントの一環である。会場はレークヒルファームである。札幌から道南方面に車を走らせること二時間半。洞爺湖は有名な観光地だが、農業も盛んな地域だ。マルシェの会場は広い原っぱで、そこに三〇近いテントが並び、キッチンカーで料理を作り、売っている人、ジャムやクッキー、パンなどの加工品を販売している人など、いろいろな人がいた。集客は何千人規模である。

当時の私にはマルシェは目新しく、並んでいる野菜や加工品を見ているだけで、うきうきしてきた。早速、レタスやピーマンを売っている農家さんに話しかけた。

接客していた男性に、緊張しながら、「農業に興味があって、去年から働きはじめたんです。

洞爺湖で農家しているんですか？」と声をかけた。農業に興味をもち、いろいろ訪ね歩いている、とも伝えた。

　その農家さんは北風農園さんという、当時三〇代前半の夫婦がやっている洞爺湖の近辺にある農園だった。答えてくれたのは、北風淳さん（奥さんはあゆ美さん）。聞けば就農してまだ一年目！　洞爺湖の農場で研修を受け、その農場の経営を継いだそうだ。高齢化で跡継ぎを外部に探していたらしい。そのもとの持ち主も一緒に働いている、という。農業をしたくてその道に進み、就農した今も楽しそうな気配が伝わってくる夫婦だ。三〇種近くの野菜を作り、五月上旬～六月上旬には花も出荷している。

「自然栽培とか変わった農家にも興味があるなら、岩見沢で新規就農した知り合いがいるから、その人に連絡してみたらいいんじゃないかな」と、新しい農家さんを紹介してもらえた。新規就農の仲間を集めてインディーズファーマーズと名乗ってチームを作っているそうだ。新規就農者が集まって「自分たちもこれから農家として頑張っていこう」と気勢を上げ、情報交換するためのチームという。なんか面白そう（実際に会ったときの話は後述）。

　販売していたピーマンを買ったところ、「これもあげます！」とレタスをいただいた。「頑張ってくださいね！」と笑顔で言ってくれたのを今でも覚えている。営業の邪魔になるので、多くは話せなかったが、レタスとピーマンをその場で食べて、その美味しさにびっくりした。

　北風さんと話をして、農家に働きに行くのではなく、自分で経営者になって、就農するのもありだなぁなどと考えた。

それからもジャムなどの加工品を販売している地域のジャム屋さんやパン屋さんの店舗に行き、ラベルを見てどこの農園の野菜を使っているのか調べたり、お店の人に聞いたりして、農家との接点を作っていった。

新規就農って手もあるか

あるときは、千葉県の農業法人に探索に行った。当時、同じく農業の道を模索していた先輩（のちに出てくる北海道増毛町で新規就農したひろみさん）と頻繁に情報交換をしていた。ある日、電話で「千葉の農家の視察に行こうと思うんだけど、マリも行く？」と誘われて、イエスと即答した。

北海道の農業しかまだ見たことがない私にとっては、見聞を広げるいい機会だ。羽田空港から電車に乗り、ある駅で降りて、タクシーで向かった。少し車を走らせたら畑があることに驚いた。まちと畑が近い、という感覚だ。しかも、「えっ?! こんな小さい土地で農業するの!?」とこれまたびっくりした。

そこはトマトを生産・販売する「農業生産法人」だった。個人事業主だが、人を雇用して運営する。農家は家族経営であることが多いが、ここは規模が比較的大きい方で、多額の銀行融資を受けたりしていた。今でこそ農業法人は一般的な農業経営の方法として浸透しているが、私が視察に行った二〇一四年はまだまだ珍しかった。

農場の事務所で社長の話を聞いた。かなり変わった経営の仕方をしていた。当時一〇名ほどの従業員がいて、その内の何人かは会社の看板を使って新規就農をして、やがて独立した農家になっていく。栽培だけではなく販売先も、その法人が販路を見つけてくれる、というモデルである。

通常、個人が新規就農するとなると、土地や機械を得るために膨大な資金が必要であり、販路も自分で見つけていかなければいけない。それをサポートしてもらえるので、ある意味、身軽に農家を始められる。

新規就農したい人は社員であり（給与も出る）農場主でもあるわけである。それも作ることだけに専念できる農家である。

「農家として就職するっていう方法もあるのか～」とまた一つ新しい農業のかたちを知った。

そんな風に（その当時は）ネットでは出てこない情報を、直接自分の目と足で確認することを繰り返した。それは端的にいえば、「自分にはどんな農業の関わり方ができるんだろう？」と探っていたのである。

農家のストーリーが欲しくて、手当たり次第に農業者関連の本を読み、テレビなどでも意欲ある農家などが出てくると、必ずそれをチェックし、実際にそういう話題の農家にも話を聞きに行った。たとえば、三重県にある「もくもくファーム」もテレビで扱われていた農園で、いってみれば農業テーマパークのような存在である。そこで生産した農産物や地域の農産物でジャムや焼き菓子、ソーセージ、ハム、パンやケーキなどの加工品を作り、販売するかたわら、敷地内に数々の飲食店も設けている。食の魅力が一か所で体感できる大きな観光農園のようなものだ。

「こんなに楽しそうに農業を発信できる場っていいな！」と思ったが、自分事として考えると、余りにも大きすぎて現実感がない。

「私ひとりじゃこんな大きなことできないよなぁ……」

あれこれと農業の魅力はわかっても、自分なりの関わり方が見えてこなかった。たしかに就職して給料を貰いながら農業をやれば生活は安定する。しかし、ただ野菜を作るだけではなくて、私は農業の魅力とか新しい可能性も伝えたいんだよな、と思っていた。

だったら、自分で新規就農して、魅力的な農業のかたちを作っていくしかないんじゃないか?! そう思いはじめて、新規就農に関する情報も集めていった。

行政の就農相談会で「嫁になれば」

たまたま「新規就農説明会」なるものがネットで目に留まった。その会は北海道農業公社が開催しているものだった。公的機関というだけで、敷居が高い気がしたが、トライしてみる気になった。

「ホームページも堅苦しくてわかりにくいし、若い人は敬遠しちゃうよ」とぶつぶつ言いながら、申し込みをした。

当日、札幌市内の公社内の開催会場に向かった。会議室の一室で、長テーブルとパイプ椅子が用意され、机の上に資料が置かれていた。私を含めて参加者は五名（三〇代前半〜後半の感じ）で、時間になると担当らしい中年の男性と女性が入ってきて、就農についての基礎的な説明を始めた。

新しく農業を始めることを新規就農という。それには二つあって、農業経営者に雇われる「雇用就農」と自分が農業経営者になることを目指す「独立就農」である。

雇用就農を受け入れている道内の農家の紹介や、独立就農の手順についても説明をしてくれた。

独立就農は、「北海道では最低でも資金五〇〇万円は蓄えが必要です。二年間農家で研修をした後に、行政と農業委員会で審査をしてから農家になります」

聞いたこともない行政用語や助成金の名前などが多く、とっつきにくく、「なんかむずかしそう」というのが正直な感想だった。そのなかで「五〇〇万円」だけが印象に残った、「高いな」と。考えてみれば、農地、ハウス、タネ、機械、道具、資材などの初期投資が必要で、それなりの額が必要なのはわかる。

また、住宅費や日々の生活費もかかる。農業は収穫して出荷し、売上が上がって初めて収入があるので、それまでもち堪える貯えが要る。

農業の担い手不足といわれているが、「本当にこの人たち、地域に若い人を受け入れる気があるんだろうか」と思ってしまった。専門性が強く、情報も詰め込みすぎで、すぐには消化ができなかったからだ。

一通りの説明が終わった後、担当者二人にもっと話を聞くべく相談に行った。

「私、新規就農を考えています。有機栽培とかも興味あるし、多品種も興味あります！　でもどこの地域が自分に合っているのかわからなくて……」

今まで働いたり視察してきた農家についても説明した。

「有機栽培とか興味あるの？　あんまり地域じゃ受け入れられないと思うよ。ここの地域はピーマンで就農したら、これくらいの助成金が出て、ここはトマトで……」といろいろと話してくれた。

補助金ありき、の話がまずわからなかった。今となれば、新規就農の初期費用の額を緩和するために必要な措置だとわかるのだが、有機農法や多品種栽培に関心があったために、余計なことを聞かされている気になった。

それと、ちらっと言われた「有機栽培は受け入れられない」の言葉はずしんと心に残った。これも今ならわかるが、農薬を使わないとなると、病害虫が発生し、近隣の農家に迷惑がかかる場合もある――そのことを担当の人は言っていたのだ。

担当者がピーマン、トマトなどの単品種の話をもちだしたのは、北海道の農業は小規模多品種ではなく、一つの作物を多く作って収益を上げるのが一般的だからである。地域ごとに指定作物があり、それを作ることで助成金が出ることが多い。「うちはトマトの町です」「ピーマンの町です」とうたっているのは、その品目で助成金を得ている農家が多い、といっているようなものだ。

しかし、私が体験したり、見てきた北海道の農家はたいてい有機栽培で、多品種の作物を育てていた。私が働かせてもらった石狩市のオーガニックファームでは、何十種類もの野菜を育てていたし、札幌の谷口農園も有機ではなく減農薬だったが、様々な野菜を育てていた。それ自体がじつは例外的な事例だったのかもしれない、と後で気づくのだが。

担当者はとても親身に話を聞いてくれたのだが、最終的には次の言葉にたどり着いた。

「そんなに農業をしたいなら、農家のお嫁さんに行けばいいんじゃない？　今、農家さんも嫁さん不足で困ってるからさ」

もちろん悪気はないし、アドバイスのために言ってくれたのだと思うが、でも、泣きたくなるくらい悲しかった。勇気を出して会社員を辞め、農業に踏み込み、自力でいろいろな農家さんを巡って情報収集し、自分なりのやりたい農業を思い描き、気後れする公的機関にも一人で出かけたのに、「農家の嫁になれば」では悲しすぎる。

でも、何か方法があるはず。きっと抜け道がある、と心を切り替えた。

「やりたい農業」を絵にした

調べるほどに、新規就農には時間もかかれば、お金もかかりそう。
「このまま農家でバイトしていても、自分自身が前進しない。掴める情報も限られている。どうしようかな、これから……」

そう悩んでいたところに、札幌市で開かれたイベントで農業関係の仕事をしているIさんと出会った。農業の情報発信などをしている人で、ゆっくり私の話を聞いてくれた。

私は一年前からど素人で農業の道に関わりはじめたこと、新規就農したいけど壁が高そう、でも農業は大好きで一生関わっていきたいこと、などなどいろいろな思いや相談事をぶつけた。そうしたら、
「そうだよね、自治体ごとにいろいろ就農のルールがあるし、難しい部分もあるよね。新規就農を考えているなら、栗山町がいいんじゃない？　あそこは就農の自由度が高いし。今度新規就農の説明会あるから来てみたら？」

と言ってくれた。

公的な機関の新規就農説明会には、正直、がっかりした部分が多いが、Iさんがせっかく紹介してくれるのだったら、何か手がかりがつかめるかもしれない、と札幌で開催される栗山町の新規就農説明会に行ってみようと決めた。
「よし！　私のやりたい農業を絵に描いて持って行こう！」と、畑は多品種栽培で、住む場所

があって、ニワトリや馬などの動物もいて、農業に熱い心をもった人が集まれる場所もあって、と当時理想としていた農園の絵を色鉛筆でルンルン気分で描いた。これって、むちゃ楽しい！

Iさんとまちの農業振興公社の三人と、札幌市内の貸し会議室でお会いした。その振興公社は、五つの柱を掲げ、農地の流動化と集約化、法人を含めて新規事業者の育成などをうたっている。

私はいつも通り、自己紹介と農業への思いややりたい農業について、色鉛筆で描いた絵を見せながら話をした。四人ともその下手っぴな絵を覗き込んで、少し不思議そうな、でも興味深そうな顔をしていた。

未だかつて絵を描いて持ってきた人はいないそうで、「君、面白いね！　いいね！」と言ってくれた。それからは、まちの農業の特徴について話してくれた。

栗山町は道内でも一番新規就農者数が多い町だそうだ。その理由は、ほかのまちでは基本的に家族もちの世帯しか受け入れていないが、栗山町は単身でもOKだということがある。ほかのまちが単身不可をいうのは、資金面もそうだが、信頼の問題があるからだという。単身だと、辛いことがあるとすぐに辞めて移住してしまう可能性がある、というのである。夫婦だと多少困難があっても、せっかく腰を据えたのだから、と頑張るのではないかと考えるらしい。これには、北海道の開拓の歴史は、極寒のなかで夫婦二人の単位で行われた、ということも関係しているのかもしれない。

また、栽培品目やその方法（たとえば有機など）にしても、とくに指定はない。栗山町は実際に、女性単身で就農した人もいるし、有機栽培をしている人もいるそうだ。

「お？　このまちは、なんかほかと違って懐が広そうだな」

と思った。一度も栗山町に行ったことがないと言うと、「一回来てみない？」と誘われ、後日行ってみることにした。

地域おこし協力隊に入る

車で栗山まで行き、町役場で先日のお一人と落ち合い、車を乗り換え、まちの案内をしてもらった。栗山町は札幌から車で五〇分くらい。新千歳空港までも同タイムで、農村地帯なのにアクセスがいい。炭鉱や財政破綻したまちとしても有名な夕張市の隣町で、米、麦、大豆、馬鈴薯などの大規模農業もありつつ、野菜や果樹栽培も盛んな地域だ。周りの長沼町、由仁町、岩見沢市なども農村地域である。

野菜の直売所があり、きびだんごの会社（谷田製菓）や川の近くには古い酒蔵（小林酒造で一二四年の歴史がある。銘酒「北の錦」が有名）もあり、廃校を利活用した宿泊施設もある。なんとなく土地柄も素朴で、「なんかいいかも」そんな風に感じた。

「うちのまちで地域おこし協力隊員を募集する予定だから、それで来てみない？　まちの活動を通して、自分のやりたい農業のかたちを見つけていくっていうのはどうかな？」

そういう提案があった。

たしかに、今まで現場で働くことにこだわり、自分の目と足で情報を集めてきたが、どうやら農業は国の政策や地方行政が大きく絡むらしい。農業に関わる制度を知る必要があるし、栽培だけではなく経営についても知っている必要がありそうだ。

現実的に、就農には時間と資金がまだまだ必要だ。すぐ農家になるのは難しいとすれば、ここはいったん農業を周りから見て、発信するのも、一つの方法かもしれない。そう考え、私は二〇一六年から地域おこし協力隊として栗山町で活動することにした。

2 女子には新規就農ってかなりむずかしい

様々な試み

まちの地域おこし協力隊に入ってからは、地域の野菜のPRのため、東京や札幌などのマルシェに出店したり、生産者と農業のPRイベントを東京・札幌・関西で行ったり、新規就農説明会の企画・実施を全国でやり、大学生の農業インターンの受け入れの企画・運営をし、農繁期に地域の農家に手伝いに行ったり、本当にいろいろなことをやらせてもらい、幅広く農業に関わる術《すべ》を知った。これらが後にフリーランスで農業に関わるときの下地になった。

そんな活動を通して、新規就農者とも多く会う機会があり、栗山町や近郊の農家さんに足を運び、マルシェやイベントの打ち合せがてら、新規就農のエピソードなどを聞かせてもらった。

以前洞爺湖のイベントで出会った北風農園さんに紹介してもらった農家さんにも会いに行った。岩見沢で新規就農したpowwow《パウワウ》ファームのイッチーさんという男性、市原裕司《いちはらゆうじ》さん（四〇代前半）である。自然栽培（農薬・肥料を使わない農法）で多品種（現在はニンニク栽培が中心）。

協力隊の活動でマルシェに出店。生産者たちとの集合写真。
みんな新規就農者！

しかも一人でやっているという。初めての人に会うのは緊張するが、意を決して行ってみた。

栗山から車で一五分ほどの栗沢町で、ハウスが並ぶ場所を発見した。中に入ると、のりのよさそうな男性がトマトハウスで作業をしていた。イッチーさんだ。「お、マリちゃんだね！　よろしく！」優しくて話しやすく、すぐに打ち解けた。

イッチーさんが農業を始めたのは四年前のこと。やはり最初、周りに自然栽培は受け入れられなかったそうだが、まずは慣行栽培で経営を安定させてから、徐々に移行していくと伝えたら就農できたそうだ。

当時は野菜栽培をしながら、野菜を使ってキッシュや野菜を使った料理なども作って販売することを定期的にやっていたそうだ（今はやっていない）。これらすべて一人でこなすというのだから、すごい。

「やることが多いけど、自分のやりたいことできるからいいよ！　つねにワンマンショーだよ（笑）」

そして、続けた。

「でもさ、今は国からの補助金も受けているから、結構好きにできていると思うけど、補助金は五年しか出ないんだ。あと一年しかその補助金がないから、もっとちゃんと経営のことも考えていかなきゃいけないなぁ」

「ときどき補助金の話って聞くけど、それってなんなんですか?」

「基本的に、二年間農業研修(イッチーさんは農業経験があったので、一年の研修ですんだ)をした後に、新規就農するんだけど、年間一五〇万円の補助金が五年出るんだよね」

ほうほう、そういうもんなのか、とその時は聞いていた。私は補助金の存在も、その中身についても予備知識がゼロだった。

後日イッチーさんから電話が来て、「知り合いが札幌でマルシェに出るんだけど、マリちゃんも出ない?」と誘ってくれた。そのマルシェに地域おこし協力隊の一員として出店し、さらに新規就農の農家さん一〇人くらいとのつながりができた。みんな札幌近郊の農家で、年代は三〇代前半が多かった。有機栽培や自然農法の生産者ばかりだった。

仲良くなった新規就農の農家さんは、みんな揃って「五年経った後が勝負なんだよね」と言う。補助金が切れるから、本当に自力でやっていく必要がある、ということのようだが、今一つわからない。あとで調べた結果、次のようなことがわかった。二〇二一年に制度が一部、変わったが、そのまえの仕組みについて触れることにする。

新規就農者が受けられる補助金には、準備型給付金と経営開始型給付金の二つがある。前者は二年間の農業研修をして就農を目指す人に年間一五〇万円の補助金が与えられる（農業経験がある人は研修を受けなくてもよかったり、期間が短かったりする）。研修中は農家から給与を貰うわけではないので、国からのサポートがあるわけである。しかし、二年の研修後、就農しない場合は全額返還しないといけない。

また、経営開始型は就農後（四九歳以下）最長で五年間、年間最大一五〇万円（四、五年目は最大一二〇万円）が交付される（二〇二一年から現在は三年に変更）。就農したてはまだ十分な栽培技術や経営ができない可能性があるから、そこを五年間は国が補助してくれるという制度だ。これがあるおかげで、多少の失敗や試行錯誤もできるということか。

「なるほどね！　みんな、だから五年って言ってたんだ！　補助があるのは大きい！」新しい制度で整理すると、以下のようになる。

新規就農
準備型給付金　二年間の農業研修で一五〇万円／年→就農しない場合は全額返還
経営開始型給付金　就農後三年間で一五〇万円／年→就農三年以内に農業を辞めれば全額返還

でも、五年以内（後に三年以内）に農家を辞めた場合、受け取った額は全額、返還しなければならない。厳しいようだが、自立を促すには必要な制度かもしれない。

実際、五年間、補助金を受け取ったものの、結局経営の見通しが立たずに、辞めてしまう人がなんと七割もいるという。農業を始め、そして続けていくには、よほどの覚悟と工夫が要る。私としては、ますますリアルに新規就農のハードルの高さを実感した。ちなみに新規就農には農協や自治体などからの補助金もある。

借金で始めて、売上の予測もむずかしい

ほかの新規就農者からは、こんなことも教えられた。

「土地や機械を買うために借入したから辞められない。頑張らなきゃだよ！」

起業には何かとお金がかかる。それを無借金で始める、などというのは、ラッキーな方ではないか。

大きさ、種類はまちまちだが、新品ハウス一棟一千万（中古だと一〇〇万円という話も聞いたことあり）、機械も新品だと一千万円を超えるのはざらだ（小さい耕運機だと何十万円）。経営の規模によるが、数百万から数千万の借入をしてスタートする人もいる。もちろん、地域の人と関係性を築いて安く譲ってもらえる場合もあるが、それにしても基本は借金である。毎年、農産物を作って売上を上げて、そこから返済をしていくわけだ。

そうか、借金で始めるのか、とうかつにもその考えが浮かばなかった自分のことが情けない。私にはちょっと浮世離れしたところがあるのかもしれない。

少し付け加えると、自然栽培だと農薬や肥料代がなく、機械の導入費もそれほどかからない。しかし、その分、草取りの作業がある。基本、手作業なので、収穫も少ない。

さらに、新規就農の農家から聞いたのは、「気候」と戦うむずかしさだ。

「今年は不作だったから、新規就農の補助金があって助かったよ。こんな天気が毎年続いたらまいっちゃうね」

こういう会話をよく聞く。ふつうの経営なら、売上のだいたいの予想がつく。いろいろな社会情勢の変化で予想外のことが襲ってくるが、農業は天候と切っても切り離せない。

北海道も最近気候変動で暑くなり、作物が全滅した、ひどい不作になったなどの話を聞く。そういう変化も読み込みながら、経営計画を立てなくてはいけないのだ。熱波に強い品種に変える、などのことが、農業の現場ですでに起きている。

その一方で、

「今年はどこの産地も豊作だから価格が下がっちゃったよ。これって豊作貧乏だよ」

「こんな価格なら畑でつぶした方がまし」

そんな声もよく聞いた。農家はほとんどが自分で値決めをして出荷するのではなく、市場や農協に出荷し、そこでの価格で取引される。もちろん、多く流通しているものは価格が安くなり、少ないものが高くなる。

よくテレビなどで、穫れすぎたキャベツをトラクターでつぶしている光景などを見たことがないだろうか。農産物の価格が安すぎて、人件費や包装費や発送費をかけるくらいなら出荷しないほうがいい、という判断でとられる措置だ。これはいつ見ても悲しい光景だ。

ふつうは自社の製品は自社で値決めし、売上予測がある程度できる。しかし、農家は市場に左右されるのだ。毎年ある程度、値段は決まっているが、それは絶対ではない。

私が新規就農の話をしても、いろいろな人が「それはいいね」と言ってくれなかったのは、開業資金がかかるし、五年の途中で辞めれば返済義務が発生するし、不測の天候とも付き合わなくてはならない……などの理由からだと気が付いた。

これじゃ新規就農など無理かも！

新規で始めて、農家を一〇年も続けている人が、本当に偉大に思えてきた。

女性一人で就農する大変さ

また、自治体によっては単身では、さらに女性一人では新規就農がむずかしいことも知った。単身では資金の融資を得ることもむずかしい。

新規就農の相談会や問い合わせでも、女性一人だと言うと、門前払いで話を聞いてもらえないことがほとんどだった。行政が開催する相談会や面談に勇気を出して話を聞きに行っても、地方の農業青年との婚活イベントをすすめられるのがおちだったりした。

北海道増毛町で二〇一九年に稲作で新規就農したKAMONDOUの嘉門ひろみ（四〇歳）さん

は、女性一人で幾多のハードルを乗り越え、五haほどの田んぼでお米を作っている。

札幌の出身で、カリフォルニア大学を卒業後、アメリカやアジアのITベンチャー企業の立ち上げを経験している。二〇一四年に北海道に戻ってきて、農業の道を志すようになった。増毛町で就農するまでは、道内、道外で様々な農園で働いたり、漁師の仕事や、狩猟免許を取って、鹿や熊などのハンティングもしてきた。いろいろなかたちで自然とつながる暮らしを実現するべくチャレンジしてきた超パワフルな女性だ。

今までいろいろな畑を経験してきたが、今度は自分で就農して、自然や農業に関心がある人がやって来れる場を持とうと考えた。そして、お金を介さずに物々交換で人々が暮らしていけるようなエコビレッジ作りを目指している。

二〇二〇年の農林水産省の新規就農者調査結果によると、全国で女性の新規就農者のうち野菜での就農は三六〇人なのに対して、米での新規就農は六〇人である。米農家として新規就農するのは珍しいのではないだろうか。

ひろみさんとは今から一〇年ほど前に、SNSを通して知り合った。当時からお互い農業に関心があり、いろいろと情報交換などをしてきて、気の合う友人であり同志のような存在だ。

同志への訪問

ひろみさんの様子を見に行こうと、田植え時期の五月（二〇二二年）に手伝いも兼ねて、帯広（仕事の合間に時間を見ては帰っている）から一七〇㎞ほどの道のりを西へ、西へと運転して行った。増毛町は海岸沿いにあり、農業だけではなく、漁業も盛んな地域だ。そんな海の幸、山の幸がある地域特性に惹かれて就農する場所として決めたそうだ。

ひろみさんの家に着くと、ハスキー犬たちが元気に吠えていたが、当の家主は農繁期で忙しく不在だった。それでも友人なのでいつも勝手に家に上がっている。一人で農業をやる忙しさが雑多になった部屋の様子からも感じられる。部屋の片づけもしつつ、親子丼と味噌汁を作って帰りを待った。

ようやく二〇時を過ぎたころに、彼女が一日の作業を終えて帰ってきた。久しぶりの再会のハグである。晩ごはんを用意したことを伝えると、満面の笑みで「こういうごはんを食べたの、久しぶりだ」ととっても喜んでくれた。

食事をしながら、新規就農するまでのことや、就農してからの日々のことを話してくれた（まえは電話での会話だったので、十分には聞けていなかった）。土地を借りるときもやはり相当苦労したそうで、いろいろ心ないことを言われたようだ。

もともとは有機農業に関心があり、自分のやりたい農業

田植え期間中のひろみさん。みんなに農作業の指示を出す

のかたちを前面に出して地域の人たちに主張していたが、地域ではなじみのない栽培方法であり、衝突が絶えなかったそうだ。

地域の人とも足並みを揃えるためにいろいろな会合にも顔を出し続け、彼らの思いも汲み取り、自分のやりたい農業だけをやっていてはだめだということがわかったなど、破天荒で意志が強いひろみさんらしからぬ発言が多かった。

その道のりを悲観するのではなく、何かを飲み込むような表情で笑顔で話してくれた。地域に溶け込んでこその農業なのかもしれない。実際、地域の農家から機械や倉庫を無料で貸してもらったり、育苗ハウスも地域の農家のハウスの一角を借してもらったり、収穫後の乾燥調整を共同でさせてもらったりしている。

次の朝は五時には家を出て、また機械を動かして田植えや育苗作業をしていた。田に苗を運ぶ作業などをするために近隣から仲間も数名来てくれていたが、当たり前といえば当たり前だが、大型の田植えの機械もトラクターも全部自分で操縦している。機械のトラブルが起きたら自分で直したりすることもある。その間、手伝いの人への指示出しも忘れない。

田んぼの中から異物（田んぼからは岩が出てくることが結構ある）が出てきたら、自分で担いで、ぬかるむ田んぼの外に出す作業もある。そんな農繁期が二週間ほど続く。

数日、ひろみさんの田植えを手伝っただけでも、並みの精神と体力の人では絶対にできないことだと思った。それに日々のトラブルや今後の経営のこともある。それらをすべて一人でやっていくことの大変さがしみじみとわかる。

ひろみさんの意志の強さとコミュニケーション能力の高さがあったからこそ、周りの信頼が得られたのだと思う。就農前に地域の農家の手伝いをしたり、漁師さんたちと漁に出たり、自分でシカを捕まえてさばいて周囲にふるまったり、そういうことを積み重ねて、「この子なら一人でやっても大丈夫」と周囲を納得させられたのだと思う。

就農してから、周りから技術的アドバイスを含めて、支援を得られるかどうかは、かなり大きい。彼女が積み重ねてきた周囲との信頼関係が、そこで生きてくる。

地域の農家は代々家族で農業をしたり、助け合いでやってきたのだ。一人で農業をやることの大変さを骨身に染みて知っているからこそ、心配や反対もする。女性で一人だと、余計に気がかりだ。そこを突破してきたひろみさんに、敬意を覚える。

「あれっ、農家さんの役に立ってる?!」

協力隊の活動では、主にマルシェやイベントの企画をやりたくて、栗山町を中心にいろいろな農家と接触した。今思えば、本当にこの仕事をしていてよかったと思う。農家さんとコラボすることで、その本当の課題やニーズを知ることができたように思う。

協力隊の人につないでもらって、出品を依頼するために、メロン農家さんに会いに行った。三〇代前半で新規就農した夫婦だ。少し山奥に入った、秘密の場所みたいに静かで、のどかな農場で、虫の音色が心地いい。メロンのほかにトマトも栽培し、そのトマトを使ってジュースなども作っている。収穫時期や出品できるものなどを聞いていたが、

「本当は、私も直接お客さんに販売したいんだけど、まだまだ作業に追われてできないんだよね」

とAさんが言うので、

「じゃあ、私が出店の事務手続きとか準備を全部するんで、Aさんは身一つで来てください！それならどうですか？」

「それなら行けるかもしれない！」

と言ってくれて、話が進んだ。結局、メロンとトマトジュースを出すことにした。

何かしたい、と思っても、日々の作業に追われ、書類一つ書くのも面倒で、億劫だということがある。イベントに誘う文章も硬くて、読みづらく、手に取りにくい、などもある。そういうことをなるべく解決して、勧誘するのが大切なのだ、ということを学んだ。

札幌の地下街で開催されるマルシェは、売上も大きいし人通りも多い。新規就農したAさんの農場についていろいろな人に知ってもらえるいいチャンスだ。他に栗山の生産者五、六軒から野菜を集めて出向いた。

朝早くから一緒に札幌に向かい、「お客さん来てくれるかなぁ」と言いながら、値段のポップを書いたり、野菜の品種や味の特徴、食べ方についての説明を書いたり、農場のパンフレッ

トを陳列したりながら、準備をした。

想像以上の人が来てくれて、Ａさんも自分の農園の商品について直接お客さんと話をして、販売につなげている。いい調子だ。みなさん、若い農家に興味があるようだった。

無事、一五時頃に完売した。Ａさんが「こういう機会、今までなかったからよかった。ありがとう」と言ってくれて、「私もちょっとはいいことできたかな」と思った。

ほかにも、東京のマルシェに出店して、地域の農産物を販売してＰＲするなど、地方と都市の接点を作ることもしていた。ＳＮＳを使って、農業に関心のある学生や社会人など四〇人くらい集客した。そのつながりで、夏の農繁期に援農に来てくれる人も出てきた。飲食店とのつながりもできて、栗山の農産物を卸すことができた。

あるいは、「規格外品が出るんだけど、手が回らなくて何も対処できていない」という声もあった。規模にもよるが、場所によっては何百キロという作物が毎日廃棄されているところもある。たとえ少しでも、廃棄分が売上に回れば、プラスになる。

ためしに引き取って、オンライン販売や知人への販売をやってみた。不揃いのトウモロコシ、ジャガイモ、イチゴ、トマトなど二〇～三〇kgくらいである。それらは完売した。「新鮮でおいしかったです」という声が届いたり、形に拘らない友人の飲食店から大量に欲しいという注文があったり、いい手ごたえがあった。その飲食店とは定期の商いになったと聞いている。

後の話になるが、直売所の運営に携わったときも、イチゴとメロンの規格外品を買い取って、店舗でパフェとして販売した。大きな売上にはならないが、本来であれば捨てるものが月数万～数十万の売上になり、とても喜ばれたこともある。

「いろんな野菜の食べ方を提案したいんだけど、僕は男性だし、どうにも苦手で……」そんな声もあった。健康的な野菜をみんなに届けたくて就農したけれど、生産することに手一杯で、その食べ方までは提案できないというのである。

野菜ソムリエの資格をもつ私は、彼が作っている西洋野菜を使ったサンドウィッチやお弁当を作って、マルシェやイベントで販売して、好評を得た。彼にそれを伝えると、とても喜んでくれた。彼は、「こんな風にもできちゃうんだね。マリはすごいね！　こういうのどんどんやってくれたら、ほかの農家さんも喜ぶと思うよ！」と言ってくれた。

新規就農したからといって、すぐに自分がやりたいことを全部できるわけではない。ずっとそれが夢のままに終わることもある。ベテランの農家さんだって、いろいろな悩みを抱えている。そして、

「あれ？　私、農業に関しては知識、経験浅いけど、農家さんの役に立てることあるじゃん！」

と気づいた。その流れで、「私、本当に土地に根差す農家になりたいのかな？　むしろこうやって農家さんと消費者をつないだり、いろいろと企画して実行に移すとかの方が向いてるし、農家さんにも喜ばれるのかも？」と思いついた。

たくさんの農家と接し、その悩みや課題を聞き、しかも彼らをリスペクトすることにおいて人後に落ない私だからこそ、やれることがあるかもしれない……そう思いはじめていた。

全国規模でみんな悩んでいる！

地域おこし協力隊は総務省の事業の一つで、地方の人口減少に歯止めをかけるために、国が地方自治体に助成金を出し、人を移住定住させるためのものだ。隊員は三年の任期付きで、給与を得ながら、それぞれの地域が抱える課題をミッションに掲げ、活動をする。任期終了後は地域に就職するか、その地域で起業するかが一般的な進路となる。私の場合は農業へと進んだが、観光やふるさと納税、教育やスポーツ関連など、地方によってさまざまな進路がある。

地域おこし協力隊の隊員は全国に現在は五千人ほどいる。全国大会が年に一度東京で開催され、私は虎ノ門のビルで開催されたときに参加した。全国から隊員や自治体職員が五〇〇名ほどが集まった。地方創生に精通している人の講義や協力隊を卒業した先輩の講演を聞いた。じつは、このときのつながりがフリーランス農家を始める際の大きな手助けになった。後で援農に行く際に役立ったのである。

「頭ではわかっていたけど、これだけ協力隊がいるってことは、日本全国どこの地域も課題だらけってことだよね！　農業も例外じゃないよなぁ」

人の数だけ課題がある、という感じである。

後で開かれた交流会では、青森の人は「うちはリンゴで町おこしを考えている」「うちは漁業で、魚を使って商品開発している」と言い、鳥取では「林業の人口を増やそうとしている」など、いろいろなミッションを抱えた人がいた。人の多さに圧倒されたが、ここで刺激を受けて、ほかの地域にも住んで、北海道では得られなかったアイディアを見つけられるかもしれない、と思った。

農閑期と農繁期が逆になっている

協力隊の活動として農業研修、視察と名目をつけて、知り合いに道外の面白そうな農家を紹介してもらった。私は岡山県に目をつけた。ここに、大学卒業後、二三歳で当時全国最年少で新規就農した男性がいるという。「すごいなぁ、二三歳で新規就農したって、だいぶ根性あるな」と思った。農場名は株式会社いぶき。すぐに紹介してもらって、代表の梶岡洋佑《かじおかようすけ》君に速攻連絡を入れた。

一一月といえば北海道では雪が降りはじめて、もう農業はできない時期。しかし本州の方では通年で農業ができたり、むしろ農繁期となる地域がある。

いぶきでは多品種の野菜を栽培していて、ちょうど人手が欲しい時期とのことだ。いろいろな野菜のちょうど収穫時期だった。滞在は梶岡君が住んでいるシェアハウスになりそうだ。東京まで飛行機で行き、そこから新幹線で一路岡山へ！　梶君が車で駅まで迎えに来てくれた。

当時二七歳である。

いぶきでは野菜を四〇種類くらい作っている。当時は自分のところの無人直売所だけで、売上一千万ほどを達成していた。農場では女性社員やパートの人、四名ほどが働いていた。雪がないとはいえ、ダウンを着ないと寒いくらいだ。野菜がたくさんあって、農作業ができることが嬉しかった。

北海道で雇用就農を考えたとき、冬に仕事がなくなるのがネックだと思っていた。社員として働いたら給料は出るが、農作業ではなく、加工の仕事をしなければいけなかったりする。しかし、そもそも通年雇用があまりない。北海道だけをフィールドに考えていたら、仕事のできる期間が限られる。しかも作物によって人手が必要な時期もだいぶ違う。

しかし、冬の岡山では仕事ができる。

「そうだよね、日本は広い！　農繁期のスポットで農家さんも人を必要としているみたい。農繁期に合わせて拠点を移動するのも面白そうだし、需要もありそう」

めまぐるしく思考が動いた。忙しくて人出が足りない全国の地域をつなげて、通年の仕事にする。だんだんとフリーランス農家の働き方の構想が固まりつつあった。

自分の強み、弱みを書き出す――フリーランス農家になろう!!

地域おこし協力隊の任期は三年で、そろそろ終わりが近づいている。私はまだ悩みのなかにいた。

新規就農をしたいと思って、このまちにやって来た。しかし、どうやらそれは現実的ではなさそうだ。様々な新規就農者と出会い、自分にはハードルが高いと感じた。一方、マルシェやイベントで、農家さんのできないことをサポートする面白さを知った。農家ばかりか消費者にも喜んでもらえる。農家と消費者をつなぐことは、とても意義のあることだ。農業の魅力や野菜の美味しさを知ってもらえると、私自身が嬉しい。

「でも畑から離れたくないんだよな……」とぐるぐると考えていた。いったん頭を整理するために、いろいろと課題を書き出してみることにした。
○土地を所有し農家になるハードル
・大きな資金が必要
・売上が天気や市場に左右される
・売上を上げるには品質向上か規模拡大。しかし、これらにたけている農家は多くいる
・土地に根づくことで、生産以外のことがほぼできなさそう
・始めたら簡単に辞められない
○農業の課題
・破棄野菜が多くある
・農繁期のスポットの人手不足

・農作業以外の人員獲得（情報発信、消費者との接点作り、ブランディングなど）
・北海道は冬に農業ができない
○私の強み
・フットワーク軽くいろんな農家とつながれる――人脈を作るのが得意
・異業種とのつながりを生かした農業発信
・農業現場を知り、農家の立場で発信や企画・実行ができる
○私の弱み（農業するうえで）
・単身
・資金がない
・農業経験が浅い
・体力がなく、機械が苦手
・一か所にいることが得意ではない（え？）
書き出してみるとわかるが、全然農家としての強みはない。しかし、農家のためには何かができる――それが私の強みであることに気がついた。

「じゃあフリーランスで協力隊時代にやっていた活動をしつつ、農繁期の農家の手伝いをしよう。それなら通年で農業に関われそうだし、なにより面白そうだ」

農産物を作るプロは一杯いる。そこは彼らに任せて、私は私の得意なことをやればいい。こ

の働き方って、うーん、フリーランスで農業と関わるから、「フリーランス農家」でいいかな、と思いつき、早々と友人に名刺作成をお願いした。

このときはまだフリーランスとしての仕事で決まっていたものはなかった。道外に働きに行ったのも岡山のみだ。

「やってみたいことはやろう！　だめなら辞めればいい！　道は後にできる!!」

と気勢を上げ、フリーランス農家という新しい働き方に踏み込みはじめたのである。

3章 一宿一飯のお世話になります

――フリーランスの仕事事情

1　進んで自分で仕事を作っていった

フリーランス農家とは

私が実践しているフリーランス農家という働き方について述べていこうと思う。まえにも書いたように、農業を自分で新規に始めるには障害が大きく、それを避けて、なおかつ農業に関わるあり方はないかと悩み、編み出した働き方である。

まずこれから新規就農をしても、美味しい野菜を作っている人や、大規模に野菜を作っている人には勝てない。到底無理だ。それに女性だと参入の壁が高く、それもひとり身だと余計にはじかれる現実がある。もちろん、事前に用意する資金も私にはまかなえない。

としたら、どこに私の強みがあって、農業や農家に、そして農業地域に貢献ができるのか。ヨコ移動をするうちに、土地に縛られないことがかえって自分の強みではないか、と気づいた。あちこちで仕入れた情報をほかにもっていくと喜ばれたりする。農業の新しい働き方や関わり方ならば、私が発信して、聞いてくれる人がいるのではないか。これからおずおずと農業に触れてみようという人には、自分も経験してきたことなので、いいアドバイスができるのではないか。農業の外から参入しようとする企業などにも、なにか有益なことがいえるような気がする。悩める自治体の相談にも乗れるかもしれない。内と外をつなげる役目を担えるかもしれない……などなどの理由から、フリーランスという選択に至ったのだ。それを明確に宣言したのが、六年前になる。

家族は「面白そうでいいんじゃないか」、友人・知人は「そういう働き方もあっていいよね。面白そう」という反応。だれもうら若き乙女が一人で見知らぬ土地を放浪することを心配してくれない。それって、どうよ、と思う。なかに「マリっぽくていい」というのもあったが、それってどういう意味なのか？

関係人口作り

いつごろからだろうか、〝関係人口〟という言葉をよく聞くようになった。初めて聞いたとき、うまい言い方するもんだなぁ、と思った。中心になにかがあって、それに関係している人のことを〝関係人口〟というのである。この場合の中心というのは、農業である。

総務省では〝交流人口〟というのも挙げていて、それは観光などで触れることをいう。一過性のもの、というニュアンスがあるが、それに比べて〝関係〟には持続性が感じられる。

それまでは移住して、定住してもらおう、というのが目的だった。もちろん都会から農山村に、である。

しかし、それが思ったほど成果を上げられなかったために、高望みは止めよう、〝関係〟から始めようじゃないかとなった。農業や地域に何らかの関係があれば御の字である、という発想である。サポーターになってもらう、あるいは流行りでいえば推し活をしてもらうのである。

考えてみれば、順序としてはそっちが正当である。知って、関係ができて初めて、ちょっと住んでみようか、暮らしてみようかとなるのではないだろうか。

それにもう一つ、〝関係〟ができるまえに、〝関心〟が先にあるのではないだろうか。関心が芽生えたから、関係をもちたくなる。だから、〝関心人口〟も増やしたい。

結局、私がやっているのは、すべて〝関心人口〟づくり、〝関係人口〟づくりではないか、という気がする。農業に薄い関心のある人を募り、体験などを通して少し濃くしてもらって、関係に入ってもらう――そのお手伝いをしているのである。

次に挙げていく様々な試みも、すべてその枠内に入ることばかりである。

北海道を拠点に

栗山町の地域おこし協力隊の任期を終えた私は、「土地を所有しない農家」フリーランス農家という働き方を始めた。

土地を所有しないから、お呼びがかかれば、どこへでも行ける。日本はタテに長く、農繁期がずれていて、それを上手に組み合わせれば、いつもどこかに仕事がある、ということになる。それに農家の労働力不足という決定的な要因がある。忙しい、だけど人手が足りない、という現象があちこちで起きている。猫の手も借りたい、という言葉があるが、そういう状況になっている。

基本は北海道を拠点にしながら、ほかの地域の農繁期との併せ技にする。「通年で仕事がしたいなら、それができる土地（たとえば沖縄）に引っ越せばいいのではないか」と言われることがあるが、私にはその選択肢はない、といっていい。生まれた北海道が好きすぎて、住民票をほかの地域に移すことは考えられなかった。

ゆるい感じで仕事を始めた

地域おこし協力隊の任期が終わり、完全にフリーランスとして初めての春を迎えた。最初の一年は、引き続き、栗山町を拠点にすることにした。

「まぁ、なんとかなるっしょ！」と気楽に考えていた。協力隊卒業前には仕事を通して近隣を含めて道内だけでも五〇軒くらいの農家さんとつながりを作っていた。

栗山町では、新規就農の農家を中心に、回る農家をリストアップした。不定期でも、そして短時間でもお手伝いできそうなイチゴ農家（水野農園さん）やトマト農園（須郷農園、堀田農園）なども予定に組み込んだ。もちろん先方さんとの打ち合わせの上でのことである。

四月～九月　栗山町の米の農業生産法人で田植え、ジャガイモ掘り、カボチャの収穫作業、養鶏。直売所の立ち上げ準備、運営など

五月～九月　午前中、イチゴ、トマト、アスパラの収穫作業

その他、ソロ畑（一人農作業のこと。**小さい土地を借りて、一人でゼロから野菜を栽培し、ネットショップやマルシェで販売することに挑戦。トマト、ナス、インゲン、ピーマン、ジャガイモ、トウモロコシなど）、マルシェの出店、レンタルスペースで野菜料理イベント、農業ツアー**

一〇月以降　本州へ（場所未定）

上記で実際に決まっていたのは、半年くらいのプランのみで、太字の部分は、随時、話が決まってくるだろうぐらいに、ゆるく考えていた。基本的な収入は農家の手伝いで確保できるので、気持ちが焦ってくる、ということはなかった。SNSなどで情報発信しながら、チャンスが来るのを、虎視眈々と狙っているという感じである。

地域のためにJAを通すという選択

ある一日の流れを紹介してみよう。

五：〇〇～七：〇〇　水野農園でイチゴ収穫作業

水野農園は家族で札幌から移住してきて、イチゴ農家として新規就農した。ジャムやカタラーナ（牛乳と砂糖、卵黄にコーンスターチなどを使った料理）などの加工品も作っている。

以前、マルシェ出店のお手伝いをした水野嘉貴《みずのよしたか》さん（四〇代前半。奥さんは梨沙《りさ》さん）が真田幸村（安土桃山時代から江戸時代初期にかけての武将、大名）の六文銭（軍旗のマーク）のスカジャンを着ていて、「この農家さん、絶対アグレッシブで面白いに違いない！」と思い、お手伝いに行かせてもらうことにした。

イチゴの収穫は朝早くにやる。太陽が上がり、光合成が始まるまえの味が一番美味しいのだそうだ。イチゴは追熟するので真っ赤でとってしまっては遅すぎる。半分～八割くらいの色付きで収穫する。発送までに熟して、消費者の元に届くタイミングでちょうどよい色と触感になることを狙って収穫しているのだ。なかなかそれを見分けるのがむずかしい。

露地に配置されている低い椅子に座りながら、一つひとつ水野さんと収穫していく。朝の涼しくて静かな空気と鳥の鳴き声が気持ちいい。

水野さんは直販などはせずに、すべてＪＡ（農協）に出荷しているそうだ。どうしてＪＡにしか出荷しないのかと聞いてみた。

「自分も新規就農でこの地域の人たちに育ててきてもらったわけで、今度は自分も先輩たちが育ててきた地域のブランドを引き継いで行かなきゃと思っている。みんながいいものを作って、地域のブランドを育てるのが大事で、自分だけそこから抜けて稼ごうっていうのは、あんまり考えられないんだよね」

私も直販の方がせっかくの労働が報われるのだから、そっちがいいと単純に思っていたが、水野さんは地域のブランディングのことも考えながら農業をやっている、ということである。その方が結果、いいという判断なのだろう。先輩たちや地域とのつながりを大事にしていきたい、という思いがひしひしと伝わってきた。

「やっぱり現場に出て作業しながら農家さんと話すのは勉強になる」と思った。いろいろな農家の思いとかたちがある。

作業が終わると、いつも事務所でお茶タイムだ。大きいマフィンやお菓子をいただきながら、世間話をする。水野さん夫妻とお子さんたちのやり取りに心が和む。

直売所の立ち上げに関わった

八：〇〇～一七：〇〇　THE北海道ファーム

この後、八時からはTHE北海道ファームの仕事に行く。水野農園から車で五分くらいの場所なので、すぐに到着する。水芭蕉の群生のなかで、米を作り、特別な卵を生産している意欲的な農業生産法人だ。

THE北海道ファームでは、直売所の立ち上げをお手伝いさせてもらった。ここは千葉に本社のある葬儀屋が農業分野に参入してきたという、少し毛色の変わった農場だ。

リーダーKさんは私と同じく農業の素人。だが、この仕事をすることになって勉強しまくって、今では立派なプロ農家である。Kさんは寡黙だが、いろいろ新しいことに挑戦してみよ

北海道ファーム直売所。建物の基礎から自分たちで作った

う！　というアグレッシブな人。地域の人たちからも信頼されていて、私も尊敬していた。米をメインに生産し、ほかにも放牧養鶏、ジャガイモ、ブドウ、カボチャ、そして卵などを栽培している農業生産法人だ。

協力隊を卒業するまえに、事務所に相談に行ったときに、「今年から直売所を立ち上げようとしていて、うち、男性スタッフばっかりだから、女性の方が店舗運営とか情報発信って得意だと思うから、そういうのをやってもらえたら助かる」と言ってくれて、直売所の立ち上げに関わらせてもらった。

なんと、自分たちで小屋を建てるところから始まった！　このゼロからの立ち上げは貴重な経験である。田んぼのど真ん中に、田んぼを見ながらくつろげる直売所を作ろうとしていた。従業員の人と一緒にペンキで色を塗ったり、時には脚立にのって、屋根の杭を打ったり、まるで大工さんである。

その合間に農場の野菜の手入れをしたりしていた。やがて赤い屋根に白い壁、一六畳ほどの広さの、本当にかわいらしい小屋が完成した。

店内では、農園でできた米や卵の物販だけではなく、その米一〇〇％の甘酒や甘酒ドリンクなども提供した。甘酒を使ったライスミルクソフト、卵を活用した白いプリンもある。

オープン時は町内からたくさんの人が来てくれて、自分が生産に携わった農産物を介して、消費者と出会える場をつくることができたのが嬉しかった。

農場は男性陣、ショップは女性陣という分担になった。私と社員のYちゃんは年も近く、女の子同士で毎日楽しく運営に当たった。私に会いに近隣から友人が訪ねてきたり、昼休み中に農家さんが寄ってくれたり、町内外の人で店はにぎわった。

オープンして早々にリーダーのKさんが、

「こばちゃん、地域の素材使ったパフェとか考えてみてよ」

と言ってくれた。

私は仕事で知り合った農家さんとのつながりを活かして、規格外のイチゴ、メロン、ブルーベリーを仕入れて、地産地消のパフェを商品開発した。四種あって、名付けてＪＩＭＯパフェ（ＪＩＭＯとは地元の頭文字を取り、地産地消の意味を込めた）。

「地域で作っているグラノーラとか入れたらどうかな？」

「見た目はこんな感じでどうかな？」

など試行錯誤し、ＳＮＳでつながっている人たちに

「この試作品だとどれがおいしそう？」

と尋ねながら、商品作りをしていった。

地産のフルーツと自社の甘酒ソフトをふんだんに使ったパフェは、夏の暑い時期には一日(営業時間は一〇～一六時)の営業で一〇万円以上の売上になることがあるほどの人気メニューとなった。パフェをきっかけに雑誌やTVで農場や地域のことが紹介されることもあった。

それだけではなく、Kさんから「ピクルスも地域の農産物を使って作りたい」という話が持ち上がり、私がKさんと廃棄野菜で悩んでいる農家をつないで、商品化し、これも人気商品となった。

そんな風に、自分のつながりや人の紹介のつながりを活かして、どんどん仕事を作っていった。当初は午前中少し農作業をしながら、午後は直売所の運営やマルシェや野菜イベントの企画を行っていた。Kさんに協力隊時代に経験したマルシェの話をしたら、「うちでも出店してみたいな。札幌の人にもお店や農場のPRになりそうだし」と言ってくれたのである。

直接会うことで、仕事につながる！

ある日、何気なくSNSを見ていたら、東京で開かれる農業交流会のイベントを見つけた。詳しく内容はわからなかったが、無性に気になって、「ここに行かなきゃいけない！」と直感が働いた。

「ここでフリーランス農家のことをPRしよう！」

発注していた「フリーランス農家」と肩書きが入った名刺も、このイベントまでに納品してくれるよう先方に頼み込んだ。飛行機代に宿泊代がかかり、仕事を休んでまで行くことに少しためらいがあったが、すぐに行くことに決めた。

そのイベントには農林水産省のお役人、大手農業系企業（オイシックスなど）、八百屋さん、農業新聞、農業学校の人、学生、農家など一〇〇名くらいが参加していた。

「なにかいいつながりがあればいいのだけど」と思いながら、できたての湯気が出ている名刺を配りまくった。「土地を所有しないフリーランス農家という働き方をしているんです」と言うと、「面白いですねー！」とみんな興味をもってくれた。

そのなかの一人が、

「ちょっと今度農業系のイベントがあるんですけど、そこでプレゼンターやってみませんか？」

と、お話をいただいた。「ぜひ！　やらせてください！」と返事をしたが、内心は「えー!?まだフリーランス農家を始めたばっかりなのに、人前で話すなんて!!」と動揺していた。

しかし、私の直観は間違っていなかったのだ。これぞと思ったら、行動すべし、がある種のポリシーになった。それにしても、フリーランス農家、なんだか脈がありそう……。

プロの農家のまえで私が講演を？

私が初めて大勢の人のまえでお話をさせていただいたのが、二〇一九年九月。就職紹介サイトのマイナビに農業に特化したマイナビ農業がある。そこのノウラボ（「農」を学ぶ場、楽しむ場がうたい文句）が、企業や農家、農業従事者を対象に開催している「農家の課題解決ゼミ」という勉強会だ。

講師はファームサイド（株）代表かつ阿部梨園マネージャー佐川友彦さんで、毎回彼がテーマを設定している。佐川さんには『東大卒、農家の右腕になる』（ダイヤモンド社）の著書がある。

話を引き受けてから、どんな場所で、どんな人が聞いてくれるのかを知った。「私がこんな人々をまえにお話をさせていただいていいのだろうか」と思う反面、どんな出会いがあるか楽しみにしながらプレゼンの資料を作った。

イベント会場は、マイナビ農業のノウラボがある人形町である。都内の農家さんが五〇名くらい参加していた。私のほかに都内の農家さんが四名、それぞれ自分の農園の経営や課題解決法について紹介した。

プロの農家さんをまえにして、「フリーランス農家とか言って大丈夫かな？　なめてんのかとか言われないかな？」と内心どきどきしていた。

私はそれまでたくさんの農家に関わって感じたことや、自分自身の活動の中身について説明した。意外とみなさんの反応がよく、ちょっとほっとした。

プレゼンの後、参加者それぞれが興味を覚えたプレゼンターのテーブルに集まり、意見交換をした。

「フリーランス農家、いいね！　面白いね。すごく需要と可能性感じます」と農家さんから言ってもらえたのが意外だった。そして、かなり自信につながった。そのうちの一人が茨城県つくば市の農業生産法人で働いている男性で、「秋以降、農繁期だから、よかったら来てほしい」と言ってくれた。

それは農業生産法人モアークという有機栽培の農家で、西洋野菜やベビーリーフ、マイクロリーフを生産販売している。冬がちょうど農繁期で、人手が必要らしい。私はぜひ行かせてください、と答えて、北海道での仕事が終わった後、一一月から一か月ほどお世話になることにした。

農繁期を組み合わせるという当初の考えが実現できたことが嬉しいし、なによりフリーランスの考えや働き方に共感してくれたのが嬉しかった。

そして、このイベントに出たことがきっかけで、マイナビ農業の編集の人たちとつながり、後に「いろいろな農家に行くなら、うちで記事を書いてみませんか？」と誘われ、農業ライターの道も開かれた。

たしかにＳＮＳの発信も重要かもしれないが、私は当初から直接出会った人とのつながりを大事にしている。お互いのフィーリングや熱量はオンラインでは伝わりにくいからだ。むしろ、知人による紹介以外、直接会ったことのない、オンライン上だけの人とは仕事はしないことにしている。地道にこつこつと、いろいろな場所へ出向き、具体的な人とのつながりのなかから仕事と出会っていった。

クリスマスが繁忙期の茨城の農家

マイナビ農業のイベントで声をかけてくれた農業生産法人の話をしよう。茨城空港から農園のある駅まで向かうと、社員が迎えにきてくれていた。早速到着して農園を案内してくれた。かなり大きな農業生産法人で、社員とパートを合わせて三〇人くらいがいた。発送、選別作業はすべて手作業で行い、ちょっと見た目でも現場は忙しそうだった。モアークにはクリスマスに都内のレストランから多く注文が入るようで、ちょうどその時期が繁忙期になる。

住み込みの場所は、社員の人も使っている寮で、個室でキッチンもあり、生活するには申し分ない。私は一か月ほど滞在させてもらった。

挨拶に回っていると、「北海道から来たの!?」と驚かれた。野菜の品目ごとに担当の人がいる。農場長は男性で、社員も男性が多かった。

私と同い年くらいの女の子もいた。エディブルフラワー（食用の花）担当のヨウちゃんだ。ヨウちゃんは中国人だけど、日本に勉強に来て、そのまま興味があった農業分野で就職したという。いろいろな野菜を育ててみたいと意欲的だった。

いろいろな農業がある

次の日から私も微力ながら戦力の一人である。マイクロリーフはピンセットとカッターで丁寧に収穫するめちゃめちゃ繊細な仕事だ。

一方で、機械を使って、広大な畑のベビーリーフを収穫して袋に詰め、軽トラで倉庫まで運ぶ日もあった。一気に畑の葉っぱを収穫していくのだが、夕陽を見ながら一人で作業をし、終えて畑から帰るのも、すがすがしいというか、心地よかった。

農場が休みの日はヨウちゃんの友人が筑波大学の近くでやっている和食ごはん屋さんに食べに行ったり、ベーグル屋さんに行ったりと、楽しい時間を過ごした。お互いのやりたい農業の話をしたり、今後のことについても語り合った。

こうして、一か月の援農を終える。本当に地域と作物によって、農繁期も作業も違うことを実感した。

フリーランス初年度の秋以降は茨城で、その後は沖縄がいいな、と考えていた。

すると、隣町にいる知人のSNSの投稿が目に入った。「沖縄で研修を受けてきました！人を募集しているみたいなので、興味がある方は連絡ください！」もちろん速攻連絡した。それは総務省の実施する「ふるさとワーキングホリデー」というものだった。地方への移住定住を目的に最大三〇日間、その地方の仕事をしながら暮らして、観光では得られない深い体験や交流をし、関係人口や実際の移住につなげることが目標だ（4章で詳しく触れる）。滞在費や現地のレンタカー代の助成もある、手厚い事業だ。

こんな風にして、少しずつ仕事がつながり、回りはじめていった。

高知県へ、沖縄へ

ＳＮＳで「フリーランス農家」をしていることを発信していたら、翌年からますます「うちの町にも来ないか」コールが増えていった。協力隊の案件で知り合った高知県四万十町の職員Ｔさんからも、「うちも来たらええやん！」と連絡をもらい、「行きます！」と答えた。

高知県といえばカツオがすぐ思い浮かぶが、それに付け合わせるショウガも産地だ。Ｔさんが働き先から宿、車まですべて手配してくれて、私は身一つで行くだけでよかった。これは超助かった。

高知竜馬空港から、電車で四万十町に向かう。到着して役場に行くと、Ｔさんが出迎えてくれた。車で目的の農場に連れて行ってくれたり、まちを案内してくれた。北海道では見たことがない柚《ゆず》や柿の木などがあり、もうそれだけでワクワクした。町の人は、「へー！　北海道から来たの？　もうずっとおればいいのに！」と言ってくれるほど、気さくな人たちが多い印象だった。

滞在するのは移住者が起業したゲストハウスだった。オープンしたばかりで、宿泊者は私一人、実に快適だった。オーナーが至れり尽くせりで、食事も作ってくれた。朝からアユが出てきたり、夜はいのししの肉で料理を作ってくれたこともあった。地域の人を呼んで、ごはん会、交流会も催してくれ、一気に地域に溶け込んでいく感じがあった。

ショウガを掘る作業は、土佐弁が聞き取れず、ちょっと苦労した。機械で掘り起こした後は、すべて手作業だ。ショウガの上に出ている芽の部分を、ハサミで切っていく。これがかなりきつい！　数日で腱鞘炎になってしまった。でも、農園のみんなは優しく、農場のお母さんがとってもかわいがってくれた。「マリちゃんがいたおかげ今年のしょうが掘りは楽しかったわ〜。また来てね！　今度はうちに泊まればええわ〜」と言ってくれた。それからもときどき「マリちゃん、元気かい〜？　今年はこんの〜？」などと電話をくれた。

それからも、「マリさーん。今年の冬の予定は決まっていますかぁ？　沖縄の農場で人を探しているんですけど、どうですかー？」と沖縄の市場で働いている友人から連絡があり、どんどん予定が決まっていった。

京都に本社がある（株）マイファーム（「人と農をつなぐ会社」がうたい文句）の沖縄南部の豊見城《とみぐすく》、読谷村、宜野座村の三つの農場で三か月ほど働いたが、ゴーヤ、トマト、カボチャ、インゲンなどの、植え付けから、栽培管理、収穫の手伝いなどをした。

そこでは、単に野菜を育てるだけではなく、沖縄県の環境保全型農業拡大につながる「沖縄県特別栽培農産物栽培マニュアル」の作成をしていた。日々、肥料や農薬を撒いた量、潅水《かんすい》の回数、収穫量など、作業内容や作物の状態などを「アグリノート」という栽培状況管理アプリに記録していき、野菜栽培のデータベース化を行っていた。

沖縄県は亜熱帯性気候で、有機物の分解が早く、病害虫が発生しやすい。化学肥料・農薬の低減がむずかしいという他県とは異なる環境だ。また、土壌の質や栽培時期が他県とは大幅に違うため、内地の生産技術をそのまま適用できないことが、環境保全型農業に取り組む際の大きなハードルとなっていた。そこでマイファームがマニュアルを作成して、沖縄県でも環境保全型農業が普及するための事業をし、その一部の手伝いを私がした、ということである。

たしかに、他県と比べて沖縄の土は赤土で固いし、なんだか見たことないデカい虫も一杯いる。他県では収穫の秋といわれるが、沖縄では野菜は秋に植え付けて収穫は冬〜春に行われる。他県の栽培方法はあまり参考になりそうにないなと思ったものである。

見慣れない植物や風景に囲まれての農作業は新鮮で楽しかったが、雨、風がすごく強いなかでの作業である。年末年始も畑で一人でドロドロになりながら作業をした。

大変なときもあったけど、「フリーランス農家の働き方を確立するために、がんばろう！」と気合いを入れていった。

農泊事業の仕事

二年目、引き続き栗山町を拠点に活動をしていた。相変わらず、農作業と直売所の運営やマルシェ、野菜イベントを行っていた。

六月の上旬だったか、旅行会社で働いている友人のG君から電話がかかってきた。「こばちゃん、久しぶり、元気？　今、栗山町の隣まち、岩見沢で農泊の事業が取れて、そこでコーディネーターできる人探してたんだけど、こばちゃん、そういうのできないかなと思って連絡したんだよね」と連絡をくれた。G君は、私が長らく農業分野で活動を続けてきたのをSNSで見ていてくれて、連絡してくれたようだ。

何が求められていて、何ができるかわからないけれど、とりあえず友人の頼みは断らない主義だ。引き受ける前提で、G君と一緒に農泊事業の実施主体である協議会がある事務所に行き、運営メンバーから話を聞いた。

スマート農業の先進地である岩見沢のなかでも北村地域は、さらにスマート化が進んでいて、米、麦、大豆、ビートなど畑作が盛んで、大規模農業が展開されている。車を走らせると、広大な畑が目の前に広がる。

事務局長の島一雄さんと事業リーダーの農家の北村慶如さんにあいさつをした。島さんはNPO法人の事務局長もしていて年配、北村さんは三〇代後半で、見た目はいかつい感じだけど、話してみると意外とシャイで、地域全体をよくしたいと思っている。めちゃ一所懸命で、地域のリーダーで、お兄ちゃん的存在だ。

事業は農林水産省の農泊推進事業の採択を受けた。二年間の事業で、一年で五〇〇万円ほどの事業費がある。地域の農村資源を活用して、当初はインバウンド向けに観光商品を作り、外国人観光客を呼び込もうとしていたが、コロナの影響でそれがかなわなくなってしまった。それだけではなく、現地でコーディネートや企画などで動いてくれる人がいなくて探していたとのこと。

あまり方針も定まっていなくて、他の地域でもこういう取り組みはまだまだ珍しかったようだ。その場では私の方からは具体的な提案はできず、「うーん、どうしようかなぁ」と考えながら会議を後にした。

私になにができるかなぁ？　と悩みながら、農業分野で働いている友人に電話して、今日あったことを相談した。

「その人たちもどうしたらいいかわかんないからマリに相談したんじゃない？　今までの経験のなかでマリができそうなことを考えて提案してあげればいいんじゃないかな」

との答えに、背伸びせずに、自分でできることを考えよう、と気持ちが定まった。もつべきは、やはり友人である。

私の考えたのは、外部目線の導入である。外部から若者を募って、地域のことを見つめてもらって、何が魅力なのか地域の資源を指摘してもらい、それをまた地域の人に還元していく、

農泊体験の参加者（札幌近郊の学生や社会人）

という方法である。さらに地域の人と外部の人が一緒になって、魅力的な体験メニューを考えていく。

地域に溶け込んでいると、なかなかいい点、悪い点に気づかない。B級ご当地グルメのお祭りB-1グランプリ（最大来場者六一万人！）を発案、成功させた渡辺英彦さんは、ばか者、若者、変わり者がまちを活性化させるといっている。まちにどっぷり浸かった人間には、新しいことはできない、という意味である。その若者を引っ張り込んで、新鮮な視点を提供してもらおう、というのである。

まずは地域を知ってもらうモニターツアーを企画した。提案書を作って再度事務所に出向き、島さんや北村さん、ほかの運営メンバーにも集まってもらって、私の案を説明した。非常に反応がよくて、

「それをこの地域でやってみよう！」

という話になり、北村さんを中心に企画の準備をしていった。私自身も岩見沢の北村地域のことを知らなかったので、北村さんと一緒に地域の農家を回った。大規模な農場で野菜を作っている農家や、野菜料理教室を開いている農家のお母さん、地域に来た人が滞在する温泉旅館

の経営者、そして大きくきれいな雁里沼《かりさとぬま》。

実際に現場に行くと、いろいろなアイディアが浮かんでくる。もちろん農業体験をしてもらいたい、野菜料理を楽しんだり、沼でカヌー体験を楽しんでもらいたい、などのアクティビティを考えて企画を練っていった。二か月くらいで企画の中身を詰めたが、同時に栗山町での仕事も継続しながらなので、割とタイトな時間となった。

アドレスホッパーとなりぬ

私自身がゼロからこういうことを立ち上げるのは初めてだったので、不安も大きかったが、やらなければ何でもゼロのままだ。未完成でも、理想通りにならなくても、まずはやることが大事——そう思い、実現までにこぎつけた。

モニターは札幌市内や東京から社会人や大学生を集めて、一年目は五名が参加してくれた。私の個人のつながりで、地域活動や農業に精通していて、きちんと体験したことに対してフィードバックをしてくれる人を厳選して声をかけた（内容については4章に記載）。

そんな風に、農業と消費者をつなぐ企画を立てられるのも、フリーランスで農業をする強味なのではないかと思った。

やがて家にいない日が多くなってきた。もう家は要らないんじゃないか、と思い、拠点にしていた栗山町で借りていた家を二年目の秋に引き払い、様々な地域に飛び立っていった（といっても、拠点は栗山だった)。年間三〇〇日以上は地方の宿やゲストハウスに泊まり、この五年間でのべ一二〇〇泊、あちこちの地方で住み暮らすアドレスホッパーになっていた。

体験が格段に広がる

マイナビで記事が書けるようになった。それも勇気を出して参加した都内イベントがきっかけだったことは、まえに記した。それまで文章など書いたことなかったけれど、「大丈夫、できるようになるまでやればできる!」という同語反復的な決意で臨んだ。

マイナビ農業は月刊PV(ページビュー)一九〇万、SNSも三・五万人のフォロワーがいる、農業メディアのなかでは発信力がある媒体の一つだ。

基本的なライティングは、編集の担当者にネタを提案し、OKを貰ったら取材に行く、ということでやっている。SNSで面白そうな農家さんをリサーチしたり、自治体の窓口に電話して「そちらの地域に興味があるので、ユニークな農家さんを紹介してください」と言って、紹介してもらいアポを取る。

取材先は農家が中心だが、先進的な農業の取り組みをしている企業や行政、JAに取材に行くこともある。農産物の海外輸出、農業の六次化、人手確保、農業の新しい働き方——題材はさまざまだ。取材はもう一〇〇件近くに達しているが、いつ行っても「うまく話が聞けるかな」と緊張して、冷や汗をかいている。

あるとき、どうしても石垣島に行ってみたくて、取材を絡められないかと考えた。石垣島に知り合いはいないし、どうしようかなぁと思案し、役場の農林課に直接電話した。窓口の人がとてもいい人で、「取材ね〜、そうね、石垣牛とかヤギ農家とかもいるよ〜。他にも当たってみて、取材できるか確認してみて、また連絡しようね〜」と沖縄の口調で言ってくれた。

その日のうちに折り返しの電話があり、取材先の連絡先を教えてくれたので、早速それら五軒にあいさつを兼ねて電話をした。アポを貰い、ひと安心である。仕事として旅費交通費が出るので、大変助かる。

ついでに、沖縄本島に住んで市場で働いていた農業友達の女の子、ちーちゃんも誘って、島農家への取材プチ旅行をすることにした。ちーちゃんは即座にOKと言ってくれた。取材という名の農業二人旅となった。

農業ライターの役得

初めて行く石垣島。当時、沖縄本島には行ったことがあったが、島は初めてである。飛行機で向かい、空から見える石垣島は本島とは違い、畑が多く、海の青さが目を射ってくる。

空港に着き、レンタカーを借りて取材先に向かう。時期は三月だったが、二五度近く、初夏の暑さだった。早速アポイントをとった農家にちーちゃんと一緒に行くことにした。

南国の木々と青い海を横目に、目的のヤギの牧場に着いた。そこにはバナナの木々が植わっていた。体格のいい男性が待ち合わせの牧場内の直売所に来てくれた。農場主の新垣信成《あらがきのぶなり》さん（三〇代半ば）だ。直売所で話を聞くことになった。

沖縄ではヤギ肉をよく食べる。ヤギ汁はめでたいときの食べ物という。

取材をさせてもらった直売所は普段は無人で、ヤギ肉の加工品とややヤギ刺しなどの販売をしていて、取材中「ヤギ肉、今日ある～？」とお客さんが出入りしていた。

ヤギに桑の葉をあげてヤギを集める新垣さん（ゴートファームエイト）

新垣さんは、農業生産法人ゴートファームエイト（株）代表取締役。石垣市の出身で、中学生まで島で育ち、沖縄本島の高校を経て、都内の大学に進学した。大学卒業後は、実業団で柔道をしながら、東京・神田で沖縄の食材を使った飲食店を開業したそうだ。その後、「東京ではなかなか手に入りにくい沖縄の食材を作ろう」と地元に戻り、二〇一六年ヤギ農家として新規就農し、現在に至るそうだ。

話しているだけで、新垣さんが芯が通った、強く、まっすぐな人だと感じた。だからこそ、まったく未経験の農業分野に参入し、驚きのスピードで実績を出しているのだ、と感じた。正直、その姿に感動と刺激を受けた。

全国的には農家としてヤギを専門に飼育しているところ

は極めて少ない。ヤギはペットとして飼ったり、自給自足のために飼ったりしている人が大半だそうだ。そのために行政やさまざまな支援機関を説得することに苦労したという。

「難儀して育てた肉を安くは流通させたくない」

と話していたが、その気持ちはよくわかる。取材当時でも、竹富島の星のやのレストランや本島のレストランと取引していた。価値を認めるところに販路を広げているのだろう。

取材中、実際にヤギが放牧されている農場も見せてもらった。「めぇーー!」という鳴き声が喧しい。一頭一頭牛舎のようにつながれているヤギもいたが、放牧されてるヤギもいた。

新垣さんが木の葉っぱを持つと、一気にヤギたちが集まってくる。私も真似して、木の葉っぱをちぎって持ってみたら、大量のヤギが突進して、「ドスッ!」とぶつかってくる。岩におごけして、カメラも岩にぶつけちゃった……(故障はしなかった)。「大丈夫ですか?!」と新垣さんが助けてくれた。

取材の後に、新垣さんが生産したヤギ肉のヤギ刺しをいただいた。「え、全然臭みがなくて柔らかくて! 感動だ!」新垣さんの話を聞き、現場を知った後では、ましてヤギに突進された後では、その肉は格段に美味しかった。よく北海道の羊でも、新鮮なものを食べると、みんな「臭くない」などと感想を洩らすことがあるが、それと同じことを自分がしているのが、なにかおかしかった。

石垣島の養蜂家

続いて石垣島の養蜂家枝並畝日《えなみうねび》さん（五〇代前半）、由香さん夫妻を取材した。内地から移住し、異業種からの転身で夫婦で養蜂家をしている。「安心安全な食を作ろう」とこだわりの製法でハチミツを作っている。

お家で取材をさせていただいた後に、実際にハチがいる養蜂所に向かった。本格的な養蜂所は初めてだった。刺されないように防具をかぶり、蜂の巣に近づき、一つひとつ開けて中の様子を確認している。「こんなにガチで蜂に近づくの!?　めちゃ危険な仕事……」と衝撃を受けた。

石垣牛の生産者やジャージー牛を放牧で飼育している農家などの取材も終えて、一緒に行ったちーちゃんと居酒屋でお疲れ様会をしていたら、養蜂所の由香さんから連絡があり、「ハチの巣が取れたから、今から持っていくね！」と、なんとわざわざ居酒屋まで届けに来てくれた。「ハチの巣は栄養たっぷりだから、これ食べて、頑張ってね！」と手渡してくれた。島の人の温かさといったら！　生まれて初めて食べる蜂の巣にも感動した。濃厚なハチミツと蜂の巣の独特な触感が美味しい！

「島まで取材に来てくれてありがたいです。なかなか発信したくても自分たちじゃ、どうにもむずかしいからね」という声も取材先から貰った。

日々、現場で頑張っている農家さんのことを記事に書いて、広範囲に読まれる媒体に掲載されるのは、きっと農家さんの励みにもなるはずと思い、続けている。

書きものでいえば、北海道の農業雑誌『ニューカントリー』や、日本農業新聞、一般社団法人家の光協会発刊の『地上』や新潮社『Foresight』に書かせてもらったことがある。マイナビも入れて、全部で一〇〇本ほど書いてきた。それでもまだ取材に行くと、新しい発見がある。

フリーランス農家の中身

どんどん仕事の範囲が広がってきた。それをまた書いていこうと思うが、フリーランスの働き方について、少し説明しておこうと思う。スタートして三年目には、だいたいの働き方のスタイルができつつあった。

最初の頃は、行く地域が定まっていなかったが、最近は北海道、和歌山県、鹿児島県沖永良部島、沖縄に長い期間滞在することが多い。

滞在期間は、農作業をするときは二週間ほど、年に都合三〇日〜四〇日ほどである。後に紹介する農業ツアーなどをするときは一〜三週間、取材で訪れるときは一日など、地域での滞在期間はまちまちだ。

書きものをしたり、生産者と消費者をつなぐ様々な事業の企画や実施、講演会などの仕事なども多い。そんな風にいろいろな仕事で地方や農場を訪れると、一年でおよそ五〇か所ほどになる。

年間スケジュールも決まったものではないが、およそ次のようになる。
一〜四月は沖縄・沖永良部島で農作業、他に農業の発信などの仕事
五〜六月は北海道で田植え、六月は和歌山県で梅収穫
七〜一二月は講演会や委託事業の運営
仕事は三、四月は比較的落ち着いていて、沖縄などで島生活を楽しみながら、農家の記事を書いていたりする。のんびりゲストハウスに滞在しながら、朝、海を眺めに行き、それが散歩代わりであり、時間を見てはヨガで身体をストレッチしている。昼から農家の取材に行き、農家さんや友人とゆっくりごはんを食べたりする。

この働き方は、毎日が休みであり、毎日が仕事のようなものだ。好きな地域に自分で仕事を作って、好きな地域で農作業をしている。空いた時間は地域の観光スポットを巡ったり、名物料理などを食べに行ったりと、仕事と旅行が一致していて、まさしく旅するように暮らしている感覚だ。

年末年始は、世の中が動いていないので、私の仕事も止まる。このときが唯一休みらしい休みの期間といってもいいかもしれない。昨年の年末年始は海外の農業にも関心があったので、北海道の農家さん（女性）と一緒にタイのチェンマイの農家を訪問したり、日本の農産物がどのように販売されているのかを市場調査に行った。現地で知り合った女性と「チェンマイの生産者と日本の生産者の交換留学とかできたら面白いね！」という話で盛り上がり、リフレッシ

ュのつもりだが、どうしても仕事っぽくなってしまう。

宿泊について

宿泊はまえに書いたように、基本的には先方が用意した宿泊施設で寝起きすることが多い。プレハブもあれば、ビジネスホテルということもある。今まで一番快適だったのは、沖縄県読谷村のROOM Biotop YOMITANだ。ゲストハウスとして運営しているが、どちらかというとシェアハウスのような整った印象である。新築デザイナーズマンションのワンフロアに六室の個室があり、プライベート空間もありつつ、キッチン、トイレ、シャワーなども共有だ。自炊スペースもあって、沖縄ならではの野菜を購入して自分で調理したり、農家さんから貰った野菜を持ち帰って食べることもできる。

一室を借りて宿泊費用はなんと一か月で光熱費込みで七・五万円だ。家電、家具もついていて、部屋には大きなベッドがある。同じマンションの下のフロアにオーナー家族も住んでいて、何かあっても安心だ。時々オーナーさんが差し入れで料理をおすそ分けしてくれたり、「マリちゃん、今日は暑かったから大変だったんじゃない?」などと声をかけてくれて、すごくアットホームで、お気に入りの場所だ。長期滞在のときは、たいてい自炊ができるゲストハウスを借りる。短期滞在のときは相部屋のドミトリーを借りて宿泊するときもある。

もう一つお気に入りのゲストハウスは、和歌山県和歌山市にあるゲストハウスＲＩＣＯだ。

市内にあるのだが、和歌山にミカンの収穫や梅の収穫に行くときは、仕事のまえに数日滞在している。築五〇年を超える古いビルをリノベーションし、古材を活用したとても居心地のよい空間だ。

部屋は相部屋タイプのドミトリーから、完全個室まで様々なタイプがあるが、私は基本ドミトリーを使う（女性と男性が別の部屋）。

一Fがコワーキングスペース、カフェ・バーになっていて、仕事もできるし、定期的に宿主が主催のごはん会があり、その日宿泊しているゲストなどと交流する機会となっている。ここの宿で、同じくミカンの収穫のバイトに遠方から働きに来ている人と知り合ったり、旅をしながら仕事をしている人たちと出会ったり。様々なつながりが生まれる。

ゲストハウスは、夫婦で運営していて、建築士のみやっちさんと、ゲストハウスの運営全般をしているまりっぺさんが中心になって運営している。二人の人柄も素敵で、いつも泊まりに行ったら「お帰り」「行ってらっしゃい」と言ってくれる。

二人はその他に、地域を盛り上げるイベントを企画をしていて、「今度、商店街でイベントやるから出てみない？　コバマリが行ってる農家さんの野菜売ってもいいし、加工品を作って売ってもいいよ！」と誘われて、ちゃっかり和歌山のミカン農家さんのミカンや沖縄の農家さんの農産物のパイ菓子を作って出店した。ここでの出会いや会話から仕事につながったりもしている。

食費はゼロ〜最大二万円

農家に手伝いに行くと、破棄野菜や農家が近隣の農家と物々交換をしたもののおすそ分けを貰えて、その地域の旬を楽しめるのも、この働き方の一つの楽しみだ。全国いろいろな地域の農家とつながっていると、「マリ、今どこにいるの？　新米送るよ！」と田植えを手伝ったコメ農家さんから新米が送られてくることもある。「卵食いたくなったらいつでも言ってな。卵も大きすぎたり小さかったりしたら外品になるから、それでよかったら送るよ」と養鶏農家さんから卵が送られてくることもある。

他にもメロン、マンゴー、パイナップルが滞在先に送られてくることもある。おコメも卵も、野菜も食べきれないほどいただき、食費ゼロ円で生活していたときもあった。そういうお裾分けがあるので、食費は月ゼロ円〜二万円ほどですんでしまう。美味しい旬のものをいただきながらの節約である。

農場によっては賄いが出たり、お弁当を出してくれるところも多いので、食費は会社員をしていたときの半分以下だと思う。

あまりオシャレができないのが寂しい

荷物は二週間ほどの滞在のときは、五〇Lのバックパックとショルダーバック、長期のときは、これにキャリーケースが加わる。必ず持っていくものは、作業着とTシャツ、ジーパンなど基本的な衣類に、汚れてもいいスニーカー。あとは、化粧道具、化粧水・美容液、パックなどの美容道具も欠かさない。後はもう一つの仕事道具、パソコン。それにスマホと財布くらいだ。

基本畑に行くのでジーパンとTシャツは必須である。余計なものは持ち運ばずに、荷物はコンパクトにして移動できるようにしている。この生活に不満はないが、あまりオシャレができないのが女子としては寂しいところではある。旅先でついついかわいい服やアクセサリーを見つけたら購入してしまうので、帰りには確実に荷物が増えている。

移動はたいてい飛行機で、北海道にいるときは車で移動している。交通費、宿泊費は呼んでもらった農場に支払っていただいたり、後に紹介する（4章）様々な事業や制度を活用して移動したり、滞在しているので、基本的に自分で支払うということはない。すべて仕事としてその地域に行っている。もちろん、自分で身銭を切って地域を訪れて、新たな情報を開拓するということもあるが、それは稀なことだ。

新たな地域に訪れる場合、取材などの仕事に絡めるようにしている。「なんとなく興味がある、面白そう」だけで行動することはほぼない。

気になる収入源だが、農業ライターとしての原稿料、講演会、委託事業（4章に記した農泊やワーケーション、農業コーディネーターなど）など、いろいろな仕事を請け負っていて、そこからの収入がある。農作業代は長期の場合は月末にまとまって支給されることもあれば、短期の場合は日払いのときもある。

ライターは一本あたりの報酬が決まっており、それにプラスして旅費交通費が支給される。講演会も一本いくらと決まっている。

企画ものの契約事業は年間契約でまとまった金額をいただき、その予算内で事業の企画や運営を行うパターンもあれば、時給制で稼働時間を申告することもある。

他にもインタビューを受けたり、ラジオ出演料、オンラインイベント出演料など、農作業以外にもこまごましたものを数えたら一〇個くらいの収入源がある。

個人事業主として開業届を出しているので、自分で確定申告をして年金や保険も自分で支払っている。

自分のペースで仕事ができる

この働き方で気に入っているのは、自分の好きな場所で好きな人と一緒に自分のペースで仕事を作って働くことができる点である、農作業、ライター業、企画、講演とバラバラのように見えるが、私にとってはすべてが混然一体となってつながっている。

農作業現場に出ることは単なる労働ではなく、農家とコミュニケーションを取ったり、農業のリアルの現場で起きていることの情報収集の手段の一つだと考えている。

たとえば、北海道の米農家さんが、コロナ禍で外食産業の需要が減り、しかも物価高騰で資材の値段が上がったことで、利益が大幅に減った時期に、

「こんなんじゃほんとやっていけないよ。わざわざどうしてこんなにリスク取って、安いコメを作らなきゃいけないんだ。世の中、いろんな値段が上がっているけど、農産物の値段だけ全然上がってないよ」

と洩らしていたことがある。テレビや新聞では、「また食べ物の値段が上がった。消費者の生活が苦しくなる」と取り上げるが、生産者も厳しい状況なのだ。私はすぐにそっちの目線になる。輸送にかかる燃料費、人件費、包装資材などの価格が転嫁されて農産物の値段が上がっているが、飼料代の高騰などで農家の手元に入るお金はかえって減っている。

現場を知ることの意味が、こういうところにある。表に流れる情報とは違うものがある、と思うことが多い。農業の現場を見ずに机の上だけで考えていたら、いいアイディアも企画も浮かばないと思う。

現場に出続けて情報収集や農家とのコミュニケーションを重ねてきたから、六年もフリーランスとしてやってこれたのではないかと思うのだ。

2　農業には様々な関わり方がある――幅広いフリーランスの仕事

副知事の次が私?!

フリーランス農家三年目の夏。仕事は基本電話かFacebookのメッセンジャーでやっている。ある日、以前、私を取材してくれた農業情報誌の担当の人からメールが来た。

「小葉松さんの連絡先を知りたいという団体があるんですが、連絡先を教えてもいいですか?」

依頼先は北海道農民連盟という団体らしい。私は「大丈夫ですよ!」と返事をした。しばらくすると、その連盟から電話が来た。

「Nさんからご紹介いただき連絡しました。今度の連盟の、農業者向けの勉強会で講師をお願いしたいのですが、引き受けていただけないでしょうか? 小葉松さんの働き方や、全国回ってきたなかで出会った先進的な事例についてお話しいただけたらと思うのですが、ご検討いただけたらと思います」

北海道農民連盟というのは、農家の労働組合のようなもの。農業の社会的地位向上のための様々な活動を行い、農家同士の勉強会も催している。全道で二万人の農家の会員がいるそうだ。

「本格的な団体じゃないか!!　しかも会員数二万人!?」

と内心ビビッてしまった。ちなみに、「ふだんはどんな人が話されているんですか?」と尋ねた。

「テレビアナウンサーやチームナックス（大泉洋などがいる演劇ユニット）、昨年は北海道副知事でしたね」

　とのこと。

「……わかりました!　やらせてください!」と引き受けさせてもらった。電話を切った後、内心、「また引き受けちゃったよー!　えっ、てか、副知事の次の講演、私で大丈夫!?　九〇分って何を話すの!?　講演会とかやったことないけど!!」

!!とか!?がたくさん付くほど、パニくった。道内のたくさんの農家の方にいろいろ教えてもらった私が、北海道の農家さん相手に話をする。なんだか感慨深くもあり、畏れ多くもあり、少し自分が成長した感じもあって、そういう機会を与えてくださった連盟に感謝である。ビビりの私だが、引き受けたからにはきちんとやろう、と心は決まった。

　今までの私が感じてきた農業の課題や魅力、今の私自身の働き方や、先進的な農業についてまとめてみた。プレゼン資料は六〇ページくらいになった。準備に一か月かけ、これなら九〇分は十分にもちそうな自信がついた。

会場は札幌の京王プラザホテル。不思議と緊張がなかった。むしろ、参加するみなさんにいろいろな農業の可能性をお伝えできることが嬉しかった。広い会場に五〇名くらいの参加者がいた。事前のシミュレーション通り、話しはじめた。自己評価では、みなさん、うんうんという感じで聞いてくださった感じがあった。

講演会後、わざわざ私に挨拶しに来てくれる農業青年もいた。「うちのまちにも講演に来てください」と言ってくれた農家さんもいた。

その後も、多数の講演依頼があり、最近は大学や企業向けに話すことも多い。和歌山大学のわかやま農業共同組合の寄付講座で二〇〇名ほどの学生を対象に話させていただいたり、(株)マイファームの「わたしらしい〝農ある生き方〟をつくる、キャリアのヒント」というオンラインイベントでゲストスピーカーとして、視聴者三〇〇名ほどのまえで講演をさせてもらった。若い人を対象に話をすると、余計に力が入る。私の拙い話から、何人かが農業に踏み入るかもしれない、と考えると、責任は重い。眼前に何百人も農業に関心がある若者がいる、という事実だけで、感動してしまう。

企画コンペで農業ワーケーション

フリーランス農家三年目の春だっただろうか。私は沖縄にいた。定宿のホテルのロビーで朝ごはんを食べながらＴＶを見ていたら、「読谷村とAirbnbが協定を結んでワーケーション事業を推進していく」というニュースをやっていた。そのときはまったく気にしていなかったが、その日、私が入っている農業系のＬＩＮＥグループで、テレビで観たのと同じ事業の情報を目にした。「あれ、なんかＴＶでも観たなぁ。どれ、ちょっと私も事業案を出してみるか」という気になっていた。

沖縄県読谷村とAirbnbが実施主体となり、読谷村でワーケーション滞在モデルを提案し、実施してくれる団体を募集していた。ワーケーションとは、ワーク（work）とバケーション（vacation）の合わさった言葉である。バケーションしながら、仕事もこなしちゃおう、という一挙両得のアイディアである。公募で四チームが採択され、採択団体には最大五〇万円の助成が出る。

私が考えたのは、ふだんは会社員やフリーランスなど農業と接点がない生活をしている人を対象に、午前中は農作業をしてもらい、午後は自分の仕事をしてもらう。そのことで、農業現場には人手の供給をし、働き手にとっては、ふだん接触のない農業に触れることでリフレッシュすることができる。そんなことを企画書に書いた。今は当たりまえの企画かもしれないが、当時は目新しい感じがあったはずである。とくに沖縄は観光として訪れる場所で、そこで農業体験をする、というのは新鮮な感じがあったのではないかと思う。

「たのむ～。沖縄また行きたいから通ってくれ～」と願った。

ちょうど六月の半ば、和歌山県の梅山で梅の収穫をしている時期だった。「採択されました」

の通知が来て小躍りな私。自分で初めてゼロから企画書を書いて事業を取得したので、とても嬉しかった。

旅費、宿泊費、交通費などは、その団体から上限五〇万円まで支給される。事業期間中は金額の上限内であれば何度沖縄に行っても旅費交通費、宿泊費が支給される（宿泊費は読谷村内のAirbnb活用が条件）。農業ワーケーションを企画するには、もちろん読谷村の農業について知らなければいけないので、何度か現地に通わなければいけない。この事業を活用して、私は二回、読谷村を訪れた。

読谷村ワーケーション。バナナ農家さんのキッチンカーで参加者と生産者とスムージー作り体験

採択を受けた団体は七月に開催される交流会に、読谷村、Airbnbに加えて、沖縄県内でコワーキングスペースなどを運営しているhowlliveも参加した。そこには採択された団体の関係者、それに行政職員や事業者などが五〇名ほどいた。そこで、いろいろなツテをたどって、農業体験を受け入れてくれる農家を探した。

読谷村役場の人にも協力してもらい、いくつか畑を回ったが、「そんなにやらせる作業がないね～」という反応が多く、思ったより企画実施は難航した。

ようやく、賛同してくれる畑を人づてで見つけた。その畑を所有するのは、観光業がメインだが、観光農園を実施しようとしている企業だった。そこと組んで、農業ワーケーションの企画を練って、実施にまで漕ぎつけた。

初めての沖永良部島

また、新しい土地に行くきっかけとなる連絡が来た。北海道岩見沢で町おこしの仕事を一緒にやっていたときの友人からだ。しばらく疎遠になっていたので、珍しいなと思った。

「やほー、こばまり、元気？　今年の冬の予定は決まってる？　沖永良部島って知ってる？最近面白いなと思って通ってるんだよね。よかったら行かない？」

というメッセージである。毎年沖縄本島ばかり行っていたから、たまには周辺の島へ行ってみるのもいいかもしれない。

「いいね！　行こうか！　せっかく行くなら農業バイトもしたいから、なんか探しておいてほしい。あと滞在場所も」

なんて雑な返事とお願いだろう。

数日すると、優しい友人は、「島で人材派遣している金城真幸《きんじょうまさゆき》さん（五〇代前半）って人を紹介してもらったから、Facebookから連絡してみて！」と、ちゃんと農業バイトも住むところも見つけてくれた。言われたとおり連絡してみて、オンラインで話すことになった。

金城さんは島で人材紹介をする「えらぶ島づくり事業協同組合」を立ち上げて運営していた。

ちょうどそのころジャガイモの収穫作業などで人手を必要としているという。住まいもなんとかなりそう。こういうコーディネートしてくれる人がいて、本当に助かる。島のことや農業のこともざっと教えてくれた。

行くと決めたくせに島の位置すら知らずにいた私は、「え⁉　沖永良部島って、沖縄じゃなくて鹿児島なの⁉　しかも沖縄本島からフェリーで七時間って……まぁまぁ遠いなぁ……でも、ご縁だし行くか」という情けない状態である。

連絡をくれた友人はタイミングが合わずに後から島で合流することとなった（結局、一日しか一緒にいなかった）。一人で行くのももったいない気がしたので、大学生の農業友達のほのちゃんを誘って、一緒に行くことにした。彼女は大学で教育学を学んでいる。英語がペラペラで、海外にインターンに行ったり、将来は日本の文化を海外で伝えたいという志が高い女の子だ。農業も日本の文化の一つと考えて興味をもってくれていて、いろいろな農園についてきてくれる。小柄でロングヘアーのかわいい子。こうやって、結構、友人を誘っていろいろな地域に援農に行くので、寂しいということはない。

沖永良部島の後、沖縄でも少し農業をやりたいので、そういうスケジュールを作った。貪欲というかなんというか。向かったのは三月、那覇港朝六時発のフェリーに乗る。前日に那覇での定宿であるカプセルホテルに泊まった。一Fコワーキングスペースでドリンク飲み放題で、温泉、サウナもついて一泊一九〇〇～二五〇〇円でコスパ最強で、お気に入りの宿だ。ほのちゃんも気に入ってくれた。

朝五時に起きて、まだ真っ暗。ほのちゃんと早起きして、コンビニでスパムオニギリや沖縄ソバやお菓子を買って、船に向かった。「なんか遠足みたいだね」とキャリーケースを引きながら船乗り場に向かう。何気に久しぶりのフェリーにワクワクした。

島に着いたのが一二時過ぎ。金城さんが迎えに来てくれていた。車であちこち案内をしてくれた。戦前は沖永良部島も与論島も沖縄に帰属していたが、戦後、鹿児島の施政下に入ったという。この島は観光ではなく農業の島であるとも教えてくれた。

車なら一時間くらいで一周できてしまう規模の島だ。知名町と和泊町の二つのまちでできていて、人口は一・二万人で、結構いるな、という印象である。生えている植物や青い海は沖縄本島と一緒だが、全然観光客がいないように感じる。

「沖永良部島は観光開発されていなくて、昔ながらの島の暮らしが残っているんだよね。それが気に入って俺も移住したんだ」

金城さんはもともとは横浜出身(名前と顔の印象から沖縄出身かと思った)で、ずっと海外で働いていたという。エコビレッジを作りたくて、この島に移住し、地域おこし協力隊として三年活動をしたそうだ。二〇二〇年から人材派遣事業を始め、島の人手不足対策に尽力している。

島全体も活気があり、寂れた感じがない。本島で見るチェーン店なども なく、昔ながらの商店や飲食店が並び、そこを利用しながら生活が回っている様子が伺える。沖縄は観光客も多く、米軍機が飛び交って、どこか落ち着かなかったけれど、ここには心なごむ風土があると感じられた。

　ひと通り島を案内してくれて、われわれが滞在するシェアハウスに着いた。まちの空き家を改装したもので、農業バイトの人や、島に移住してきた人たちが住んでいた。個室で、リビング、キッチンは共用である。

　荷物を置いて、翌日から行く農家さんにあいさつに金城さんの車で伺った。ジャガイモをメインに大規模に栽培している伊集院農園さんだ。ジャガイモの他に、お花もやっている。二〜三月はジャガイモの収穫時期で、農園は忙しそうに人が行き来していた。機械でコンテナを運んでいた伊集院猛（五〇代後半）さんに声をかけて「明日からよろしくお願いします！」とあいさつをし、来園する時間や必要なものなど確認した。見た目は「ちょっと怖そうだな」という印象だったが、じつはめちゃ優しい人！

「明日から頼むね。芋取れすぎて大変だから！　あの車、いる間使ってね」と軽バンを一台貸してくれた。

　その車でシェアハウスに戻る。夕陽で紫色ともピンク色ともいえる空と南国の植物、海と畑が広がる風景。窓から入ってくる風も気持ちいい。のどかで気に入った。沖縄から移動した怒涛の一日が終わる。地域のコーディネーターである金城さんのおかげで、すべてが順調だ。なにもつてがなくて来たら、こういうわけにはいかない。大感謝である。

特定技能の人と交流

翌朝、私は四時に起き、ヨガをしたり、ランニング、ウォーキングをする。それが日課だ。いろんな土地で同じ運動をするのが、フリーランスの特権の一つだと思っている。

窓を開けると、鳥の鳴き声が聞こえてくる。空はまだ薄明るい。風が心地よい。早々に着替えて、ほのちゃんを起こさないようにそっと外に出て散歩する。

近くに海があり、日の出を拝みにその近くまで行った。水平線から太陽が上がってくるのが見られるのは、島ならではのこと。「今日もいい日になるぞ!」と元気が湧いてくる。

シェアハウスに戻ると、ほのちゃんが朝ごはんを用意して、おまけに昼の弁当まで作ってくれていた。援農に行くと、たいてい宿泊施設にはキッチンがついているので、自炊が基本だ。ほのちゃんが作ってくれた味噌汁が散歩後の体にしみる。

「よっしゃ、今日から頑張ろうぜい!」と、彼女と一緒に、伊集院さんから借りた車で、好きな音楽を鳴らしながら農場に向かった。

農園では、外国人が多く働いていて、一〇名くらいになる。ジャガイモは機械で土から掘り起こし、それを手で拾ってコンテナに入れていく人海戦術だ。ほのちゃんと隣り合わせになって作業をする。手を動かしながら、口も休まず動かす。これからの進路のことや、私の活動についての相談など、話すことはいくらでもある。

外国人はフィリピンやインドネシアから特定技能で来ているそうだ。彼らとも話をし、他国の文化や料理について教えてもらう。

そんな風に一〇日の短い滞在が過ぎていった。今回はあまりゆっくりできなかったので再来を誓った。それ以来、沖永良部島には二度やって来て、今では一番長い滞在先になっている。

島で産地間連携

ある日、久しぶりに金城さんから連絡があった。「島に援農者が集まるような取り組みを考えられないかな」との相談である。

私と同じく、冬の北海道が農閑期で働き先に悩む仲間がいるから、きっと需要があるはず、と思い、SNSで「北海道、全国のみんな！　冬は南の島で農業しませんか？」と投稿したら「私も行きたい！」と手を挙げる人が結構いた。

時期はバラバラだけど、平均一〇名くらいが島で援農してくれた。

その取り組みがきっかけで、金城さんと「北海道×南の島＝違う農繁期を掛け合わせて人が行き来する取り組みができたら面白いね！　まずは小さくでもやってみよう」という話になり、私なりの「産地間連携」が動き出した。

手厚い内閣府関係人口創出事業

今までは私が移動して産地をつないでいたが、いろんな人が各地を渡り歩く仕組みが作れないかと考えた。そうなると、北と南の双方が助かる。

すると、知人のSNSの投稿で「内閣府の関係人口創出事業の公募」の事業を見つけた。人材を融通し合う産地へ私と金城さんが行って、これから取り組みたいことをPRする。その同意を得て、金城さんと一緒に企画を練った。準備期間が短くてバタバタだったが、見事、内閣府の事業を取ることができた（金城さんのおかげだ）。

話をもち込んだのは、北海道の八雲町、京都府宮津市、沖永良部。各産地のキーマンに声をかけて、地域の農家や産地間連携に興味がありそうな漁師や観光事業などをしている事業所に声をかけて人を集めてもらった。

地域で人を受け入れるとなると、「場」と「人」が必要となってくる。その地域にはコーディネーター的な立場の人がいる。金城さんがまさにそういう人だが、北海道八雲町はＮＰＯ法人やくも元気村の赤井義大さん（三四歳）がキーマンだ。赤井さんは地域で農家や漁師向けに人材紹介や、若者が集まるシェアハウス、他にもキャンプ場などマルチにいろいろな事業を展開している。京都宮津は（株）百章の矢野大地さん（三二歳。5章に登場）がキーマンとなって集めてもらった。もちろん金城さんが沖永良部。

北海道と沖永良部、他の産地をつないで人を融通させる取り組みについて話をすると、各地域から「そんなことできたらいいなと思っていた」「ぜひ一緒にやりたい」と好反応。北海道は八〜九月、京都は九〜一〇月、沖永良部島は一〜二月が農繁期で、そこにスポットで人が欲しい。その異なる農繁期を連携させて、人が回遊する仕組みを作ればいいのである。二〇二四年、実際に各産地で人を融通させる取り組みをやっていく。

今まで巡ってきた産地を今度はつないでいき、農業全体の課題解決に向けて動いていきたい。そんな風に考えている。

学生農業インターンシップ

沖永良部島の金城さんと関係人口創出事業の一環で、学生の農業インターンもした。簡単にいえば、学生さんに農業支援に農場に入ってもらう試みである。

知人の紹介で阪南大学（大阪府松原市）教授の早乙女誉先生と知り合い、それから時折連絡を取り合ってきた。「今度、何か一緒にしたいですね」という話から、こちらから学生に農業インターンができないかという話をもちかけて実施することになった。

まず大学に私と金城さんが授業をしに行き、フリーランス農家の働き方と沖永良部島での暮らしや農場について紹介をした。

三年生の男子学生六名が島の農繁期に当たる冬に援農に来てくれた。沖永良部島では一一月～三月が農繁期で、ジャガイモ、サトウキビ、花、マンゴーなどの作業で人手が必要だ。インターンシップを実施したのは二〇〇年二月下旬～三月上旬。ちょうど人手が必要となる時期に合わせて学生さんに来てもらったわけである。

学生には農作業をしながら、観光では味わえない地域のつながりや実際の暮らしを体感してもらうことが狙いだった。みなさん農業は未経験だが、事前に話を聞いて、島の農業や暮らしに興味をもってくれた人ばかりだった。

大阪から那覇までは飛行機で二時間強、既述のように那覇からはフェリーで七時間ほど。学生さんたちをフェリー乗り場まで迎えにいく。みんな、楽しみと不安が混じったような顔をしている。

マンゴーの美味しさは半端ではない

車に乗ってもらい、早速、翌日から手伝いをする農家さんにあいさつをしに行った。ジャガイモと花を主にしている伊集院農園（既出）、ジャガイモとサトウキビを作る有川農場、田中マンゴー園の三農家だ。

最初にあいさつに行ったのは、家族で農園を営んでいる田中マンゴー園さんだ。三〇代半ばの園主甫《はじめ》さん夫妻と両親で経営している。とっても穏やかで、いつも笑顔で、素敵な思いをもった園主だ。

そこでできるマンゴーは沖永良部島品評会で、平成二一年から「金賞」を一三回受賞している逸品だ。二〇二三年は、八重山地方の石垣島と西表島の品評会で総合第一位を受賞している。マンゴーは未熟なうちに穫って、消費者に届いたときに完熟、というのが普通のやり方だが、ここは落果する（といっても、ネットが張ってある）まで熟させてから出荷するやり方をとっている。マンゴーの他にもジャガイモなども栽培している。

田中さんの後、有川農場へ行き、最後に伊集院さんの農場へ行った。いずれもおおまかな作業の内容を聞いて、翌日から学生さんを割り振って、それぞれの農園に行ってもらった。

滞在場所は島にある47ハウスというシェアハウスだ。農業バイトで来ている人や、島におためし移住で数か月滞在している人など、いろいろな人が出入りしている。共同キッチンがあり、自炊できる。学生たちはみんな自分たちで買い出しに行って、自炊をしていた（ほとんど毎日カレーだったけれど）。

農場までの移動は、農家さんが貸してくれた車や、まちが「学生の農業の勉強のためならば」と貸し出してくれたEVバイクである。

なんと、今回は旅費、宿泊費、食費も学生の自腹だ。それでも「島に行ってみたい、農業をしてみたい」という意欲的な学生が島に来てくれた。農家さんから働いた分のバイト代は出るが、それでも滞在費などが自弁だと金銭的には余りプラスにならない。しかし、金銭以上に、島での新たな体験を重視している学生が多いことに、正直驚いた。

彼らの様子を見に行くと、みんな暑いなか、黙々と、そして楽しそうに作業をしているのがわかった。「大変？　大丈夫？」と声をかけると、「めっちゃ楽しいです！」と元気な声が返ってきた。農園のお母さんたちからも「来てくれて助かる」「子どもとも仲良くしてくれ、子どもたちも喜んでいる」という反応があった。インターンには、仕事の補助というだけではない広がりを感じた。

お昼ごはんも農園のみなさんと一緒で、マンゴーの田中さんは学生に農業の可能性を熱く語っていた。

田中さんは、「農業はやる人が減ってきているからこそ儲かる！　可能性しかないよ！」と言う。これからの自分の農業に対するビジョンも語った。その熱意や人柄に惹かれて、学生さんも「農業をやってみたいと思いました、今度は収穫の時期に来たいです」と言ってくれた。

今回は冬の時期の実施で、マンゴーを夏に収穫するための準備の作業が多かった。マンゴーの摘果（成長させないため、育つ前の実を取る作業）や枝を吊る作業だ。マンゴーを吊ることは重要な手入れの一環だ。これによって日照時間を増やし、色付きや実の大きさを向上させることができる。

学生たちは、今度は自分が手入れしたマンゴーがどのように成長したか、見に来たいようだった。

こんな風に、次第に他の人を巻き込む仕事が増えていった。今まで訪れた地域と外部の人をつなげる取り組みである。現地のもつ課題は、すでに聞いて、知っている。そして、外部の人からも要望が届いている。あの課題は、この人たちとつなげるとベストマッチングだな、と思いつく。そうやって、仕事の幅が広がっていった。

農村漁村関わり創出事業

私自身、いろいろな産地に仕事や取材で行く回数が増え、農家や地域の知られざる魅力に気づく機会が多くなっていった。私は農業が好きだから時間もお金もかけて農村地域に行くことは平気だが、農業に対する意識やイメージが薄い人がそうするにはハードルがある。

何か彼らを農村に引きつける方法はないものかと考えていたときに、ふだんから応援してくれている都内の会社の社長から、都市部から農村へ足を運んでもらうきっかけを作る「農村発見リサーチ」というプロジェクトを手伝ってくれる人を探しているとの声がかかった。即ＯＫをして、そのハレノヒ（株）から委託を受けて、コーディネーター業を始めた。

農林水産省の「農山漁村振興交付金事業（地域活性化対策〈農山漁村関わり創出事業〉）」の採択を受けて、全国九か所で展開されてきた事業である。農山漁村地域と外部にいる流通業や広告代理店勤務のビジネスパーソンや料理研究家などのフリーランス、カメラマンなどのクリエイターなど、専門のスキルや知識をもった人たちとの関わりを作るだけではなく、新たな視点から農村の担い手確保や、地域外の人材の持続的な流入などの課題解決に向けて提案をすることを目標としたプログラムだ。

このプロジェクトで私が担当したのは、北海道旭川市東鷹栖、沖縄県金武町《きんちょう》、石垣市の三地域だった。実施地域はいずれも私とつながりがあり、かねてより「地域を発信したい！　自分たちの農産物の価値を上げたい！」という熱い思いをもっている生産者がいる地域を選定した。彼らと外部者が伴走することで、なんらかの実りを得るようにとプランニングした。企画、参加者募集、進行管理、すべて行った。

各地域で五、六名の参加者を選び、四泊五日×三回の農業研修を行い、農作業をしながら農業の魅力や課題に触れて、参加者自身がそれぞれのスキルを使って、情報発信や課題解決となる事業や企画を生み出してもらう。一度そういう経験をしてもらい、後は継続的に遠方からでも地域農業を応援する関係性を作り出せればいい、という考えである。

私は三つの地域を進行確認などで何度も訪れたが、まず北海道旭川市東鷹栖地域で行ったプロジェクトの中身を紹介していこう。

地域のファン作り

旭川市東鷹栖地域の実施主体となったのは「なかじま農園」の中島奨太さん、川添農園の川添宏明さんだ。中島さんは東鷹栖で八八haの農地で主に米を生産している三二歳の若手の農業経営者だ。中島さんは、私が農業団体に向けた講演会で話をした際に、私の働き方に関心をもってくれて、「うちのまちでも人が来るような取り組みをしたい」と言ってくれた人である。講演後にわざわざ話しかけてくれたことが嬉しくて、「ぜひやりましょう！」と答えていた。

川添農園の園主川添広明さん（三八歳）は、中島さんに誘われてこのプロジェクトを引き受けてくれた。農園では米、スイートコーン、タマネギを主に栽培している。スイートコーンは糖度二〇度超えることもあり、大人気だ。加工品でコーンスープの製造販売にも力を入れているが、これがむっちゃ美味しい。都内の高級店にも卸しているようで、とにかく「安売りはしない」というのがモットー。さらに、障がい者就労にも積極的に取り組んでいて、障がい者が畑で働いている。

その場限りの口約束が嫌いな私は、きちんと中島さんの農業や地域に対する思いを聞くべく夏にプロジェクトが始まる前に、北海道ではまだ雪が深い二月に帯広（私の生まれ故郷で、拠点の一つ）から旭川までの雪道を運転して中島さんに会いに行った。

東鷹栖は大雪山系という峻厳な山々に囲まれ、その山の清涼な雪解け水で農産物が育つ。待ち合わせをしたのは、中島さんたちが経営している農家レストランである、蔵バルSorriso。明治時代から使われてきた米倉を改装した建物で、中はオレンジの赤味がある照明や、温かみのある木材が使われた椅子やテーブルが並ぶ、お洒落なイタリアンレストランだ。

店では、東鷹栖の農産物を中心として、ワインなどに合うイタリアン創作料理が提供されている。地域全体の生産者の農産物が食べられる場所だ。

先輩の農家さんたちが始めたレストランだが、訳あって閉業してしまった。それを絶やしてはいけない、と仲間の農家たちと協議して、中島さんがリーダーになって経営をしている。店のロゴやメニューも仲間で考えたもの。内装も自分たちで勉強し、こだわりをもってデザインしたそうだ。

ちょうど私が足を運んだときは、リニューアルオープン前で、店は準備のための資材などで少し雑多な感じだった。まだ少し寒い店内で、中島さんの思いを聞いた。

「先輩たちの背中を追うだけではなく、今度は自分たちの世代が地域の農業を担っていきたい」

中島さんは、そう語る。いろいろな地域や農家に行っているが、ここまでみんなが団結して地域をよくしていこうと活動しているところはあまり見たことがない。こんなに若手で素敵な農家さんがいる地域を広く知ってほしい――そんな思いからプロジェクトへの参加を依頼した。

中島さんが感じていた地域の課題としては、「旭川自体が米どころということがまったく認知されていないのが、すごくもったいないと思っているんです。魚沼産などの新潟のお米と比べても味も品質も劣らない。ここの地域自体の認知度が低いことも課題に感じています」

危機感というよりも、自分たちのやっている農業に誇りをもっているからこそ、広く知られていないことが悔しい、という思いが伝わってくる。この地域はまだまだ可能性があるはずだ、ポテンシャルがあるはずだ、と思っているからこそ、こういう発言になって出てくるのだ。

道産子の私としては、ひと肌脱ごう、と思ってしまう。そう思わせる熱量が中島さんにはあるのだ。東鷹栖の魅力を知ってもらって、ファンを増やしたいし、ファンになる人が必ずいる。そう思って、プロジェクトを立ち上げた。

研修では実際に野菜の収穫作業など、農家さんと同じ時間に起きて、同じ体験をした。一所懸命身体を動かしていると、「安売りはしない、鮮度のいい状態で出荷したい」そういう思いが募ってくる。それは研修生たちの共通の思いだ。

もぎたてのトウモロコシを収穫し、それに噛りついた女子学生が、「あまい〜！」と驚き、感動する姿を見て、私が当初農業に携わって感じたのと同じものを、今は提供する側にいることが感慨深かった。

夜は参加者と農家が車座になり、お酒を酌み交わしながら、地域の食材を使った料理に舌鼓をうち、次第に打ち解けた雰囲気になっていった。

この研修で参加者自身が地域のファンになり、地域自慢のお米を使ったスイーツ作りのアイディアや、SNSで東鷹栖の農村風景や農作業の様子などの写真や動画を発信することなどが提案された。何より大事なのは、地域の応援者を外部に確保できたことだ。

「今回来てくれた人たちは確実に東鷹栖のファンになってくれたと思う。今後もこの関係性を大切にして、地域のファンを作っていきたいと思う」

と中島さんが話してくれた。

沖縄の伝統野菜タイイモを応援する

他の二つのプロジェクト、沖縄県金武町では沖縄の伝統野菜タイイモの認知度向上のための事業、石垣島のパイナップルの認知度向上を目的にした事業について、参加者はみんなその地域のファンになり、様々なアイディアが出された。

沖縄伝統農産物の一つであるタイモは、余り聞き慣れない野菜だと思うので、少し紹介しよう。タイモは水田で栽培されるサトイモの仲間で、植え付け、収穫とすべて手作業の農産物だ。気候や気温の影響で、日本では奄美群島から南でしか栽培することができず、栽培技術の情報も少ないらしい。

親芋を取り囲むように小芋がたくさんつくことから、「子孫繁栄の縁起物」として古くから親しまれてきたそうだ。正月やお盆、トゥシビー（生年祝い）など沖縄の祝い事には欠かせない食材だ。そんな伝統食材を手にするのは地元のおじぃ、おばぁが多く、消費者も高齢化が進んでいて「若い人は伝統行事離れが進んでいてタイモをあんまり食べない。あと数年、数十年したらタイモの消費が落ちてしまうのでは？　もっと若い人や内地の人にも知ってもらいたい」という生産者の方たちの切実な思いを聞いて、プロジェクトを実施することになった。

タイモ農家との出会いは、当時プロジェクトの主体となっていたタイモ農家のNさんを取材したことがきっかけだった。三〇代後半で地域のリーダー的存在。ザ・沖縄顔で、最初とってもコワい印象だったが、話してみると優しくて、そして農業への熱い思いをもっている人だった。

取材のときに金武町に足を運び、地域の農家を集めて公園でバーベキュー交流会を開いてくれた。みなさん、タイモや農業、まちに対する思いが熱く、その語り合いは日が暮れて翌朝の日が昇るまで繰り広げられた。

「マリさん、金武町もタイモのことも頼むよ！　農家は発信とかPR苦手だから、マリさんみたいな人が金武にも必要なんだ」

そう言われて、頼まれたからには、なんとかしなきゃいけない、と義侠心（？）が湧いてきて、ひと肌脱ぐことになった。それが上記のプロジェクトなのだ。

異業種との出会いが大切

Nさん以外にも、研修を受け入れてくれたのが、東恩納真吾《ひがしおんな》さん（三〇代後半）と金城隆興さん（二六歳）で、新規就農して、金武町でタイモを生産している。真吾さんは、タイモの他にパイナップルも作っている。遊びに行くと、タイモ料理などいろいろな料理を振る舞ってくれる。タイモを砂糖や水で煮詰めて田楽にし、それをパイ生地で包んでタイモパイを作って、地域のスイーツショップなどで販売している。

金城さんは、就農したての頃は余り資金がなくて、捨てられていた軽トラを自ら使えるように修理したり、倉庫も自分で建てたという。人間、困ると何でもやってしまうものだ（プラスの方向でよかった）。若手で、地域からもいろいろと期待されていて、いつも忙しそうにしている。

金武町でも同じく研修生に農業体験をしてもらい、地域との交流にも参加してもらった。植え付け、収穫、すべて手作業である。研修生は「手間がかかりすぎ！　機械化できる部分はないのかな」とか「もっと付加価値つけて売らないと生産者の割に合わないよね」という声が多かった。

研修生のつながりから、生産者と料理人を結び、畑でタイモを食べるイベントを開催した。県内の若い人にもタイモを食べてもらい、タイモファンを増やす取り組みである。料理雑誌（『dancyu』）でタイモについて特集されるなど、生産者だけではなかなか実現がむずかしい異業種との接点を作ることができた。

生産者自身も自ら発信することが大切だと気づきを得たようで、この研修後、ＳＮＳの発信を活発にするようになり、ローカルテレビに取り上げられるようになったりして、劇的な（？）変化を遂げるようになった。

熱情派の就農者

石垣島は移住してきてパイナップルで新規就農をした生産者三名とプロジェクトを実施した。その中心になってくれたのは千葉から移住して新規就農をした「てぃだぬファーム」の荒木俊之さん（四〇代前半）だ。荒木さんとのつながりは、私が以前主催した、農家をゲストに招いたオンラインイベントに参加してくれたことがきっかけである。

プロジェクトを始める前に、石垣島の農業やパイナップル栽培の課題を聞きに、現地に行った。空港から車で、荒木さんの農場の倉庫まで向かった。私は、再び石垣島に来れたことが嬉しかった。沖縄本島とはまた違う、広々とした南国の農村風景が広がっている。次第にパイナップル畑が見えてきて、早速、倉庫の中にお邪魔した。

今回のプロジェクトに関心をもってくれている他の二名の農家も来てくれていた。

荒木さんは千葉県から七年前に石垣市に移住して、現在新規就農四年目。知り合いのつてで農作業を手伝う機会があり、外で身体を動かす作業っていいなと思い、自分の仕事をしながら農業の勉強を三年ほど続けた。「さてどこで農業やろうか」と悩んでいたときに、石垣に遊びに行く機会があり、それが決定的だった。自分の性格やふるまいが石垣島に合っていると感じたのである。

移住して、パインを作っている農業法人の社員となったことが、パインとのそもそもの出会いである。「こういうパインを作りたい」パインの本当の美味しさをより多くの人に知ってほしいと就農した。かなりの熱情派だ。

農業の他にも音楽イベントの企画やラジオのＤＪ、自らポッドキャストを配信するなど、農業をしながら石垣島ライフを楽しんでいる。

もう一人はMammy Farmの杉原真実さん（四〇代前半）。ショートヘアが似合うかわいらしい女性である。やはり千葉県から移住し、新規就農六年目。前職はマッサージ師。

石垣島のパインとの出会いは、七年ほど前。友人から石垣島でパインスムージーの店を開いている人を紹介されたのが縁で、半年ほどそこでバイトをしたという。美味しいパインが食べられるようになるまで、二年もかかると聞いて、自分もそれに携わってみたい、と思ったという。後に師匠となる農家さんに「土地を借りられないか」と訊ねたところ、ふたつ返事で借りられることになった。

日々作業していくなか、土から与えられる癒しもあると知り、いつかは土セラピーをやりたいとも考えているが、今は安定した生産ができることに専念している。

美味しさに感動→就農、とこっちも負けず劣らず熱情派である。それだけ人を引きつける石垣島とパインは恐ろしいパワーをもっているということか。

もう一名は「やえやまファーム」という農業生産法人の社員としてパインを生産している山中広久さん（三〇代後半）だ。東京都出身で石垣島のパインの美味しさ（やはりこの魔力がすごい！）に感動して、「自分もパインを作ろう」と一念発起し、九年前に石垣島に移り住んだ。「農薬を使わないで作物を作ってみたい」「やえやまファーム」は国内でも希少な有機パインを栽培している。年間三〇〇〇玉のパインを食べ、その栽培について日々研究を重ねている。別名パイン王子。

個性豊かな三名が揃った。

もったいない島内だけの流通

ここの地域もやはり地元の生産物、つまり石垣島パインの認知拡大、ファン作りが課題となっていた。

国産パインの国内流通はなんと全体の三%~四%しかないのだ。他は台湾やフィリピンなどの輸入ものだ。国産として生産量が少なければ、希少性があるので高値で売られてもいいはずだ。しかし、石垣島産パインのほとんどが島内に流通しており、収穫時期の四~八月は島の直売所に三〇〇~五〇〇円などで販売されているのだ。これを都内など、国産パインが流通していない地域で販売することができたら、もっと高単価で売れるはずである。

荒木さんの畑でパインをいただいた。「美味しすぎる! 手が(口が?)止まらない!」

今まで食べてきたパインはなんだったのか。あっちがパインなら、こっちはパインではない。逆も真なりだが、私はこっちこそ本当のパインと言いたい。それだけ感動ものなのだ。芯が一番甘くて美味しいというのも驚きである。

これは北海道の贈答用メロンレベルの美味しさ。これが何百円で流通されているのは、絶対におかしい、とギアが入り、プロジェクト実施に力が入った。

こちらも同じ内容で研修生を募集し、四泊五日の農業研修を実施した。

研修生にはパイン栽培の歴史について普及所で学んだり、実際にパイナップルの植え付け体験をしてもらった。地域との交流を通して、石垣島の農業やパイン栽培の現状について知ってもらった。

研修生からは、人が観光で来る地域なんだから、まずは観光客にパインを食べてもらうのが得策ではないか、という意見が出た。畑で穫れたてのものを食べるからこそ美味しいし、価値がある。研修終了後、生産者自身でパイナップルの収穫体験ツアーを企画したり、島内のホテルの朝食でパイナップルを出してもらうような取り組みが行われるようになった。少しずつだが、今までと異なる販売法やPRが展開されている。

どこの地域もプロジェクトは一年の実施で、ガラリと何かが変わったということはないが、まずは接点がなかった生産者と消費者が農業現場でつながることができたことは大きな成果だと思う。

いずれにせよ、外部から人が来たからといって、すぐに爆発的に認知が広がったり、販路が拡大されるものではない。むしろそういったことは一過性にすぎず、こうしたゆるやかなつながりを作り、時間をかけて生産者と消費者の関係性を育んでいくことで、農業現場にとって真に必要な取り組みが生まれていくのではないかと思う。

消費者も現場に来て実際に体験して、生産過程や生産者の人となりを理解し、生産者も消費者が何を求めているのかを理解する、そんな風にお互いを理解し合うことで本当に必要なアイディアやプロジェクトが生み出されていくのではないかと思う。

どこの地域も研修が終わった現在も、相互のつながりをもちながら、情報交換が行われている。

この事業を通してわかったことは、人材不足や低い販売価格をどうにかしたい、というマイナスからの発想ではなく（それも大事なのだが）、むしろ自分たちはいいもの、誇れるものを作っているからこそ、もっと知ってほしい、そのための協力者を欲しているという印象だった。

そういう意味でも、農業と異業種との接点をいかに作っていくかが重要になってくる。情報発信、ブランディング、PR、イベントの企画など、農業にも生産以外の知識や技術が必要になっている。でも、それは畑から遠く離れて机の上で考えることではなく、地域に足を運び、ときに汗を流して働いたりしながら、生産者と結びつくことで初めてなされるものだ、という気がする。農事を好きになり、その農家のファンになり、地域を含めて応援したい、となるのが本当の支援ではないだろうか。

飛行機会社と組んだスタディケーション

またまたメッセンジャーで新たなお仕事の依頼が来た。金子和夫事務所（東京）の金子先生からだ。先生は地方創生や農業系コンサルを仕事としてやられていて、私がオンラインで参加していた（株）マイファーム主催の女性農業コミュニティリーダー塾の講師だった。私をいろいろと応援してくれていた一人だ。

「ANAあきんど」（ANAグループの各種リソースを用いて航空セールス事業や地域創生事業を行っ

ている）と「中標津空港利用促進期成会」が事業をするので一緒にというお誘いである。ANA！またでかい企業さんからのお話だなぁ。金子先生が声をかけて下さって嬉しい。ぜひなにかやりたいと思い、引き受けさせてもらった。

二〇二四年二月に実施したのが、期成会主催のスタディケーションだ。study（勉強）とvacation（休暇）の複合語で、せっかく学び事をするなら、気持ちもリフレッシュする環境がいい、という考え方である。

地方の空港利活用を促進させるために、中標津町の最大の資産である酪農を活用して、観光だけではなく学びにつながる滞在を、という趣旨で企画実施された。中標津町は北海道の道東地域に位置していて、まさに酪農が盛んな地域。道民の私ですら、それくらいのイメージしかなく、もちろん行ったこともなかった。

私は現地のコーディネーターを務め、参加者となる農業女子五名を集める立場で参画させてもらった。中標津町に三泊四日滞在し、酪農や乳製品の加工体験、生産者たちとの交流を通して、最終日に町長や地域の生産者、JA職員等二〇名程の前で、同町の魅力を発信する企画をプレゼンする。地域にずっと住んでいる人にとっては当たり前のことが、外から来た人にとっては当たり前ではなく、とても価値ある体験や資源であることが多くある。ふだんは酪農とは無縁な女性の視点で、地域を見て、体験してもらうのだ。

ツアーが実施されたのは二月の雪が深く、澄んだ空気で息をするとツンと鼻の奥が凍るほど寒い時期である。

参加者が厚着をして、キャリーケースを持って、午前中の便でおのおの空港に到着する。現地のアテンドはＡＮＡの社員四名程、金子先生、そして私である。全員が集まったところでバスに乗り、中標津の酪農家、竹下牧場が運営しているFARM VILLA takuにバスで向かった。広大な雪景色の牧場がひたすら広がる。そんな中にtakuはある。完全オフグリッド（電力自給）の宿はお洒落で、広いスペースに参加者はテンションがマックスだ。

「この牧場の開拓の地であるから、ここに宿を作りたかった」

到着早々、竹下耕介さん（五〇歳）の思いを聞いた。酪農は搾乳して生乳メーカーやＪＡに出荷して終わり。消費者の顔が見えにくい産業だ。そこで、自社でチーズを作り、手売りを基本に売っている。「はじめましてモッツァレラ」とか「おかげさまでリコッタ」「おはよーマリボー」とネイミングがおしゃれである。パッケージもかわいい。オンライン販売もしているが、中標津町に来た人に手に取って食べてほしいという思いから、ほとんど町内の飲食店やゲストハウスなどでしか取り扱っていない。

一〇年ほど前にチーズ好きの奥さんと新婚旅行でヨーロッパに行った際に、現地の食事の安さにビックリしたそうだ。なぜこんなに安いのかと現地の人に訊ねたら「現地の人が安くていいものを食べられるのは当たり前でしょう。これが別な地域で食べるってなったら輸送コストがかかるでしょ。他の地域で高く売られるのは当たり前」

そんな経験に衝撃を受けて、自身も輸送コストや余分なコストをかけずに、現地に来てもらい、手に取りやすい価格でチーズを販売していきたいと思ったそうだ。そういうチーズ作りや地域に対する思いも、問わず語りに話してくれた。夜はヴィラでスタッフ、参加者、竹下さん含めてチーズフォンデュで懇親会をした。料理などの準備はＡＮＡの女性陣が手際よくしてくれた。

中標津は「牛乳で乾杯条例」という条例がある。それに則って、牛乳で乾杯して、交流が始まる。なかなか粋な始まり方だ。女子たちはチーズが大好き！　大いに盛り上がったのは、当然かもしれない。華やいだなかに、夜は次第に更けていった。外はしーんとした一面の銀世界である。

翌朝は五時から牧場で搾乳を体験する。酪農家の仕事は三六五日、毎日である。寒かろうが暑かろうが関係がない。うーん寒い。氷点下二〇℃である。まだ暗いなか、受け入れ先の小出牧場に向かった。

「今日はみなさん、寒いなか、朝早く来ていただきありがとうございます」と小出信彦さん（三〇代前半）が出迎えてくれた。すごく優しそうな人だ。

極寒のなか、体験はスタートした。牛舎に入ると、つながれている牛たちがいっせいにこっちを見る。まずは餌やりで、スコップに配合飼料をすくってあげていく。

次に搾乳だ。牛は毎日乳しぼりをしないと乳房炎になって病気になってしまう。牛は視界が広いので、後ろに立つと怖がり、蹴ってしまうらしい。骨折で病院というケースがよくあるらしく、彼らを驚かせないように気を付けなければならない。牛に前から近づいてしゃがみ、八つある乳の汚れをガーゼで拭いていく。次に乳が出やすくするように、手で軽く乳房を絞る。ゴムのようにしっかりとした乳房を絞ると、勢いよく乳が出てくる。そしてやっと搾乳器械をつけて搾乳をする。これを五〇頭、一〇〇頭とやっていくのだから、とても時間がかかる作業だ。朝五時から八時くらいが一回目。夕方五時くらいからも同じ作業をする。その空いた時間に牛舎の掃除や寝藁の準備などの作業がある。

参加者が仔牛にミルクをあげている（小出牧場）

作業をひと通り終えると、小出さんが自分の酪農に対する思いを話してくれた。

「今後、牧場体験の受け入れもしていきたいと思っているんです。牛乳が食卓に届くまでの背景を、地域を通して感じてもらう。そんな体験が提供できるのも僕たち生産者だからこそだと思うんです」

おっしゃるように、生産の現場を知れば、ぐっと身近になる。実体験をすれば、消費者の意識は必ず変わると思う。

搾乳体験が終わるころには、空が十分明るくなっていた。

その他に地域の青年部との交流や、半農半酪農を実践している人の話を聞いたり、チーズ作りも体験した。なかなか中身の濃いイベントとなったのではないかと思う。

三泊四日と短かったけれど、私を含め参加者みんな地域のことを好きになり、また関わりたいと思う機会となった。

予想外からの仕事依頼

いつも予想外の方向から仕事の依頼が来る。仕事とプライベートと遊びの切り分けがなく、完全にすべてが一致している。それは農業が核にあるからではないだろうか。農には不思議な力があるとしか思えない。

地域の美味しいものを食べ、現地で出会った農家さんとお酒を酌み交わし、様々な交流を通して友達が増えて、また仕事につながっていく。

たしかにＷＥＢやＳＮＳで新規の情報に触れたり、面白そうな人を見つけたりするが、私は〝現場〟が大事だと思っている。その人の生きているその場にこそ、なにか大事なものが埋まっている――そんなつもりで人を巻き込んで、現地へと誘っている。五感で伝えることを大切にしたいと思っている。

私自身が農業に携わって感じた感動を味わってほしい。それが一番の動機である。

生産者自身も、異業種の人と接点をもち、新しい刺激を欲しがっている。ワクワクするような面白い取り組みがあれば、参加したいと思っている。それはひしひしと感じる。彼らのそんな思いをつなげる私のような人間が求められていると感じるのだ。

4章

おためし農業、いろいろご紹介

——こんな関わり方がある

1　ゆるく農業に関わってもいいじゃないか

ちょこっと農業

私自身、最初に農業（農家さん）のイメージが見事に壊された経験があるので、この本で取り上げるのも、そういった既成概念とは違う農家が多い。農業は旧態依然のものというのは、もう反故にしていい考えではないだろうか。

農場での働き方も同じように変化を遂げている。先に述べた〝関係〟としての関わり方も増えている。他にも、仕事をもちながら週末に農業をやるスタイルもあれば、一日だけ農作業をするスタイルもある。お好みでどうぞ、といいたくなるほどの多様性だ。

農家自身がオープンマインドでないと、こうはいかない。農村は閉鎖的だ、というイメージが広く定着しているが、実態が違ってきている。連絡の手段が便利になっていることも影響している。受け入れるにはそれなりの負担がかかるが、それ以上の見返りがあるから、農家も積極的に関わろうとしている。

勝手にちょこっと農業に関わるものもあれば、既存の制度を使ったものもある。その中間の、民営のサポートもある。私自身が経験したものを中心にして、説明していこうと思う。

有休を使って遊撃農家

土地を所有しない農業のかたちに遊撃農家というのがある。本業をもちながら、農業の繁忙期に本業を休んだり有休を取ったりして、収穫の助っ人に行くだけではなく、場合によっては販売も手伝うという働き方だ。まさに、農繁期めがけて畑に遊撃しにいくイメージである。

この働き方は伊藤洋志《ひろし》さんという方が著書『ナリワイをつくる』(東京書籍)という本でも提唱しているものである。彼は古民家回収ワークショップや海外ツアーなど一〇個くらい仕事を掛け合わせて働いている。その一つが農業ということになる。都市部に拠点をもち、そこで生活や仕事をしながらも、ときおり地方で働くことで心身の健康を保ち、ある程度の収入も得て、という働き方だ。

私もフリーランス農家の働き方を編み出すときに、伊藤さんのこの本からヒントを得た部分が多かった。月三万円稼げるナリワイレベルの仕事を一〇個もつだけで、十分豊かに生きていけるという主張には納得する。

フリーランス農家二年目に和歌山の有田川町のミカン農家「みかんのみっちゃん農園」(園主小澤光範、三〇代前半)に働きに行った。その際に、農園の代表みっちゃんが、農業バイトの人のためにお疲れ様会の意味も込めて食事会を開いてくれた。その会で、「なんだかお見かけしたことがある顔だ……」と思っていたら、まさかの本の著書の伊藤さんだった。そこに居合わせたのが、伊藤さんと一緒に活動していた会社員で、遊撃農家の原奈々美さんだ（二六歳）。

学生時代から東京で過ごし、大学の援農サークルに入り、農家さんの魅力に気づき、農業支援にはまっている。就職を考えはじめたが、農業と縁が切れるのは考えられない。そのタイミングで大学で開かれた伊藤さんの講演を聞き、思いのたけを打ち明けた。伊藤さんに背中を押されて、会社勤め兼遊撃農家としてデビューしたという。

サクランボを収穫している原さん

私と同じく、土地を所有しない農業スタイルを実践していること、年齢も近いことから意気投合し、原さんとは時々電話をしたり、農業について熱く語り合う仲だ。

原さんは農繁期に有給休暇を取得し、東京は東久留米や山形、和歌山などの農家へと出かける。年に三回ほど休みや有休を利用して、モモやブドウ、ミカンの収穫のお手伝いをする。都合、数日の援農である。農繁期は、たとえ短期間でも農園からは喜ばれる。

さらに、自分のSNSなどでつながりのある人たちに、販売まで行っている。農園では少し傷がある、形が悪いといっただけで、規格外に扱われるものがある。しかし、決して味が悪いわけではない。原さんはそういう畑のロスの解消にも貢献している。個人の力としては小さなものかもしれないが、畑と直接つながり、生産のストーリーや農家の思いを発信することは、ものすごく意味があると思う。

最初は、農家の繁忙期と自分の仕事のスケジュールを調整することがむずかしかったそうだ。それも経験から、スムーズに調整ができるようになった。会社の人は原さんが援農に行っていることを良く思ってくれているようで、「今年も収穫の時期になったか。行ってらっしゃい!」と快く送り出してくれるそうだ。もちろん、普段の仕事をきっちりと頑張ってやっているからこそだ。

原さんとは東京で一緒にイベントスペースを借りて、土地を所有しない遊撃農家、フリーランス農家の働き方を、都内の人向けに紹介するイベントを何度か開催している。都会にいながら農業と関われる二刀流のやり方がある、とアピールした。

遊撃農家もフリーランス農家も「土地を所有しない農業」という打ち出し方をしている。これが参加者に刺さるようだ。参加者も、がっちりとは農業はできないけれども、何かしらのかたちで関わってみたい、と思っている人が多いようだ。会社員で本業があるから、興味があるけど無理だろうなと思っていた人もいる。私たちのようなゆるやかな農業の関わり方もあるのか、と思ってもらえるようで、「新しい働き方ですね！　自分も興味あります」とか、「もっと詳しく話を聞きたいです」と前のめりの印象を受けた。もう都市にいるから農業を諦める、という選択肢はなくなったのである。

原さんは、「畑に行けるから、本業の仕事も頑張れる！」と話していた。私が本音で話せる友人の一人である。

月一回の通い農業

橋本裕美《ひろみ》さんと荒川美幸《みゆき》さんは、なんと実費で千葉から月一回石垣島に通い、パイナップルの栽培をしている。そのパインを「ないちゃ〜パイン」と名付けている。橋本さんは東京で会社員、荒川さんは千葉県でカフェ経営をしている。石垣島にあるのは、彼女たち二人の農園だ。沖縄の方言で「ないちゃー」は日本本土の人のことを指す。そんな「ないちゃー」二人組が作るパインだから、ないちゃーパインとなる。

土地があるから農家だが、もう一つ違う仕事をもち、しかも月一回の作業だから、「なんちゃって農家」ともいえるし、「デュアル農家」ともいえる。命名がむずかしいところに、まさに彼女たちのユニークさが現れている。

ないちゃ〜パインの存在は、私が沖縄に滞在している冬の間に、「面白い生産者はいないかな」と周りの人たちに尋ねて、その返答のなかから知ったものである。珍しいスタイルもある

ないちゃ～パインの橋本さん（左）、荒川さん

ものだ、と早速、取材をさせてほしいとアポイントを取り、沖縄本島から石垣島へと渡った。

一か月に一回、二人のうちどちらかが畑に来て、パイナップルの面倒を見ているそうだ。私が現地に行ったときは、橋本さんが対応してくれた。沖縄では、滞在中は宿を取っているそうだ（当時の話）。収穫は夏の時期だが、冬も除草など畑の管理があり、通っている。畑には三千個のパイナップルが植わっている。

彼女たちの畑近くで待ち合わせ、それから車で畑までついていく。赤土の畑や南国の木々や植物を横目に、細い道を抜けていくと、畑に到着した。車から降りてきた橋本さんは三〇代前半くらいの女性で、パイナップルの絵柄のTシャツを着て、農作業ができる格好で登場した。パイナップル柄の作業着がとってもキュート。

初めましての挨拶を交わして、周りを見渡してもパイナップルが見当たらない。「どこがパイナップルの畑ですか？」と聞いたら「ここがパイナップルの畑ですよ」と言う。

私はパイナップルは木に成っているものだと思っていたが、まったく違った。パイナップルは地面からニョキっと一株から一つ成るのだ。キャベツのような、ブロッコリーのような成り方に衝撃を受けた。パイナップルは植えてから収穫するまで二年かかる作物で、目の前のないちゃ～パインは来年が初収穫だそうだ。

橋本さんが島にいる間は、貴重な農作業の時間である。私も一緒に草取り作業をしながら、話を聞かせてもらった。完全無農薬でやっているので除草作業が必須だ。パイナップルの葉っぱはギザギザしていてとても痛い。注意しないと血が出るほどだ。

パイナップルは植え付けから収穫まで、すべて手作業だという。北海道で大型機械を使う農家を多く見てきた私にとっては、驚きだった。

橋本さんと荒川さんは小学校からの同級生。荒川さんが働いていたコーヒーショップの目の前で開催されていたマルシェに、石垣島でパイナップルを生産している「おっちゃん」が出店していて、「今度、農場に遊びにおいでよ」と声をかけてくれ、実際に石垣島まで行っておっちゃんの畑で手伝いをするようになった。その際に、パイナップルの美味しさに感動し、同時に食べ物って作るのがこんなに大変なんだと認識を新たにしたそうだ。

もともと橋本さんは、東京で地方創生に関わる仕事をしていて、地方に眠る日本の宝ものを衰退させてはいけないという思いをもっていた。パイナップル栽培の現場を見て、「農業も日本のすたれさせてはいけない宝もの。自分たちで農業をやって、現場から支えていきたい」そんな風に思いはじめたそうだ。就農には、石垣島に行くきっかけになったパイナップル農家の「おっちゃん」が、またしても絡んでいる。

「おっちゃん」から「畑を一部貸すから自分たちで栽培してみたらどうか」という提案があったのだ。彼女たちは快く「おっちゃん」のすすめに従い、畑を借りてスタートすることとなった。そういうことなので、農家になるのに必要な土地の取得や許可や研修などを一切パスすることができた。

「おっちゃん」の畑を手伝っているうちに、「パインはそんなに手をかけなくても育つから、常駐しなくてもできるかもしれない」と聞いたらしい。パインは野菜のように毎日こまごまとした作業はなく、それほど手がかからない。

土地をもちながら、そこに常住しないで、農業をやる、というスタイルが、とにかく新鮮である。土地をもちながら、土地に縛られていない、という感じがいい。都市に住んでいる人も、農業に関われるスタイルである。

野菜と違って、果樹など植え付ける作物を選べば、たとえばバナナやアボカドなどであれば、通い農業は可能かもしれない。農業でそんなライフスタイルも可能なのだということを二人が証明した。彼女たちは自分が作った作物を今度は本拠地の東京で販売したり、いろいろと選択肢が広がっている。宝ものとしての農業……その発想が貴重である。

リピートで働く人が多い、まかない付き農園

農繁期が限られているからこそ、その時期に会社員であれば有給休暇を取り、学生やフリー

毎回、夕食が楽しみ（蔵光農園）

ランスであれば短期の休みを取って、援農に行く人々もいる。そんな人たちが集まる農園が、和歌山県日高川町にある蔵光農園だ。蔵光農園は、ＳＮＳで知人から、「人手を必要としている梅農家さんがいるから行ってみない？」と紹介があって知った。

日高川町は和歌山県のちょうど中央に位置していて、柑橘類が豊富な地域だ。ここ、蔵光農園では柑橘の他に梅も扱っている。梅の農繁期は五月の下旬から六月一杯までと限られている。梅は山中の傾斜地に生えていて、すべて手作業で収穫、選別をする。人手が必要な作物だ。

園主は蔵光俊輔さんと妻の綾子さん、四〇代前半の夫婦二人で運営している。農繁期に人集めに苦労するのは、どこも同じだ。しかし、最近はここでは援農時期に人が溢れている。農園のことが口コミで広がり、その人たちがまたリピートでやってくるという好循環になっている。

この農園と他の農園の差は、やはり農園の受け入れ体制の違いだと思う。蔵光さん自身が、「農繁期は農家の一番の稼ぎ時で、どこの農園もピリピリしているところが多いと思う。でも、この一番人が農園に集まる時期をむしろ楽しみたい」

と言う。

梅は、山中にある木に登ったり、脚立を使って一つひとつ手で収穫する。五～六月の和歌山は三〇℃近くなる日もあり、作業は決して楽ではない。高い木に登るので、危険も伴う作業だ（私も何度か木や脚立から落ちたことがある。低いところから落ちたので幸いケガはなかったが）。

朝イチに梅山まで、車に道具を積んで援農仲間と向かう。昼前までに一度倉庫に戻って、収穫した梅を手作業で選別する。お昼を食べたら、再び梅山に収穫に行き、帰ってきて夕方～夜まで選別、梅の出荷作業をする。

収穫した梅を入れるためにオレンジ色の籠を肩に下げながら木に上り、梅の香りと虫の鳴き声と陽の暑さに包まれながら、蔵光さんや仲間といろいろな話をした。蔵光さんも私の活動に興味があるのか、「今までどんなところに行ったのか」「今後どんな活動をしていきたいのか」など、いろいろと話を聞いてくれた。

蔵光さんは三〇代前半で東京からUターンして実家の農園を継ぐことは決めていたという。大学を卒業した後はアパレル関係の仕事をしていたことなどを話してくれた。

蔵光さんがいなかったら決して私は来る機会がなかった日高川町は、山々に囲まれ、小さな田畑もあり、とてものどかな場所で、私のお気に入りの場所だ。しかし、だからこその課題もあった。

「この地域も人が減ってきているから、担い手、就農者が減ってきているのが課題なんよな。農業する仲間を増やしていきたいと思っているよ」

先に蔵光農園の受け入れ体制がリピートにつながっているのではないか、と書いたが、その中身について触れていこう。

蔵光農園は滞在費、昼・夜のまかない付きで、もちろんバイト代が出る。農園が所有する一軒家をみんなでシェアハウスし、まかないは農園に働きに来ているシェフが作ってくれる。彼らは農繁期だけ和歌山近郊や京都、東京などから、入れ代わり立ち代わりやって来る。昼前に倉庫に戻って作業をしていると、シェフがキッチンで料理をしてくれているいい匂いがする。

「今日はなんだろうねー」とみんなで話しながら作業をするのが楽しみだった。

蔵光農園は全国の作り手たちの産物と梅を物々交換していて、野菜以外にもパンやスイーツなどいろいろなものが届く。奥さんの綾子さんが梅山でイノシシやシカを撃ったりと、食材がかなり豊富だ。そのイノシシやシカをシェフが捌いてくれる。その様子も見たが、命をいただくありがたさを感じた。みんな我を忘れてシカのハンバーグやイノシシのシチューに食らいついた。

農作業はかなり体力を使い、疲れて食事がおろそかになりがちだが、地場の食材を使った、しかも一流のシェフのまかないがついていると、俄然食欲が湧いてくる。もちろん、一流のシェフのまかないなので、もはやまかないのレベルを超えているのだが。

昼と夜の食事は園主を含め、みんなで食卓を囲んで食べる。農繁期は遅くまで働きがちだが、ここではみんなでコミュニケーションを取りながら食べるので、その負担感が軽減される思いがある。

くだんのシェフは、一週間前までパリで修行をしていたそうで、国内でもかなり有名なレストランで働いていたらしい。翌年もパリのレストランに働きに行くと言っていた。蔵光さんとは、農園が出荷している先のレストランシェフとのつながりだと聞いた。

「私たち料理人は、生産者の思いや現場のことを伝えられる」

「料理人によって食材の価値が上げられる」

こういう言葉から、改めて料理を作る人の役割って何なのか考えさせられた思いがする。

他のシェフも有休を使うなどして、蔵光農園にやってくる。あるいは、五年連続有休を取って働きに来ている人や、主婦兼ＤＪの顔をもつパワフルな女性もいた。地域で就農しながらも農繁期となると農園の助っ人として働きに来ている人など、さまざまなバックグラウンドの人がいた。

ウェルカムな受け入れ体制とそれを支える園主夫妻の人柄、そこに意欲ある人々が引きつけられてやって来る。顔見知りになって、たまに里帰りするような場所のようになっていく。そういう場所が日本のあちこちにできるといい。そう思わせてくれる農園である。

一日から働けるアプリ「デイワーク」

農業は通年雇用の必要がなく、しかも人手の要る農繁期は限られている、いってみれば特殊な仕事である。たとえば、北海道では九月上旬のジャガイモの収穫の二週間だけ人手が欲しいとか、朝の数時間だけ収穫の作業に来てほしい、一日だけでも来てくれたら助かるなど、地域・作物によって需要は様々だ。

逆に、働く側にも、空いた時間に農業を手伝いたい、本業があるけどちょこっと農業をやってみたい、といった様々な需要がある。そんな農家と働き手をマッチングさせるアプリが、「デイワーク」というアプリだ。全国四〇都道府県のJAと連携して、かなり普及しているアプリで、求人側と求職側の登録状況を見ると、求人側の全国地図は北海道を除けばまばらな印象を受けるが、求職側の全国地図はそれこそ都市部を中心に全国に散らばっている。現在の登録JAの数は一九四件。自動マッチング成功数は一五万二三八六人だ（二〇二四年一〇月一九日現在）。

自分の住所の郵便番号を入れれば、近くのバイト先の応募状況が見られるようになっている。農家は一日から働き手を募ることができ、カレンダーに人材に来てほしい日、時間、作業内容や労働条件などを記載する。ワーカーとなる人材は一日から働くことができて、自分が住んでいる地域や空いている日程に合わせて、仕事を得ることができる。

ワーカーは、登録時に免許証などをデイワークに提出して登録をするので、身元がある程度わかっている人がやって来る。お互いの条件がマッチしたら、より詳しい農場の情報が送られてきて、納得すれば働きに行くことができる。

私も何度かこのアプリを使って北海道の農家に働きに行ったことがある。少し時間が空いているときや、足を運んだことがない地域の農業を知るために活用していた。初めてデイワークを活用したのは、地元である十勝の長芋収穫作業だった。今までは、ほとんど知り合いの農家や知人の紹介でどんな人かわかっている農場に働きに行っていたので、農場主の顔も農場の雰囲気もわからないところに働きに行くのには緊張と不安があった。

朝起きて、アプリで送られてきたマップの案内通りに車を運転して行った。到着すると、私と同じくアプリを使って来ている人が何人かいた。地域の大学生や主婦、休みの日を活用した会社員などである。それ以外にも派遣やバイトで来ている人もいて、全部で一五人くらいの人数で、年齢も二〇~七〇代と幅広い層が働きに来ていた。

農場主とあいさつをして、そこの農家のおかあさんやベテランのバイトの女性が、大まかな作業内容や一日の流れを教えてくれた。北海道の長芋の収穫時期は一一月。朝霜が降りる、気温も一けた台の、とても寒い時期だ。朝、少し薄暗い空の下で作業が始まる。果てが見えない大きな長芋畑で、機械が穴を掘って長芋を掘りやすくしていく。人が一人隠れるくらいの深さまで穴を掘り、その穴の中に人が入り、一本一本長芋を折らないように収穫していく。収穫したものは穴の横に置いていき、それを他の人が、後ろからトラクターがついてくるので、その

トラクターが掘った穴の中に入って、長芋を掘り出し、土の上に並べる

コンテナにどんどん入れていく。なん本もの長芋をコンテナに入れるのはかなり体にこたえた。私の経験した農作業のキツさナンバーワンかもしれない。しかし、ベテランのバイトの女性たちはテキパキ作業をしていた。

一〇時と一五時におやつ休憩があり、一二時はみんなで農場が用意してくれたお弁当を食べる（すべて無料）。休憩用のコンテナハウスに集まり、おやつは豪華で、地元のお菓子屋さんのお菓子や、パンや飲み物もたくさんある。作業はきついが、みんないい人で、「大丈夫？　慣れないと大変だよね」とか「遠慮しないで食べてね」などと声をかけてくれた。

農作業に普通の人よりは慣れていた私だったので、一日目からでもそこそこ作業ができたり、農家さんや働いている人とコミュニケーションをとることができたが、ほぼ初心者の人にとってはハードルは高いかも、と思った。

その日の日当を貰って一日の作業が終了となる。一日ごとにバイトを入れられるので、作業が自分にできる内容だったら延長すればいいし、無理そうなら、一日で辞めておけばよい。そういう自由さがある。私は長芋作業は三日で辞めておいた。理由は、情けなくて申し訳ないが、作業内容がきつすぎて、もう無理だと思ったためだ。

農業をやってみたい、でも本業があるからむずかしい、という人にとって、この「デイワーク」というアプリは使い勝手がいい。農業未経験の人がいきなり重労働の仕事をやるのは大変かもしれないので、なかに軽作業のものもあるので、それを選択して参加するのも、一つの知恵である。農家の側も急に人手が欲しいときや、短期で人が欲しいときに、こういったアプリを活用すれば人集めができる。

普通の農業のバイトだと、現地で直接面談があったり、派遣事業者を通すと事業所に登録なども あり、それだけでハードルと感じるし、一定期間働かなければいけないという制約があって、なかなか気軽に踏み込めない。でも、このアプリでは前日に申し込んで、農家とマッチングすることができれば、翌日から働くことができる。

おためしで農業を始めたい人にとっては、いいアプリかもしれない。

ふるさとワーキングホリデー

次に紹介するのは、総務省の「ふるさとワーキングホリデー」という制度で、地方への移住促進を目的とした事業である。

まずは地域に訪れてもらい、地方で最長一か月働きながら、地方の人との交流や暮らしを体験してもらい、移住の選択肢として地方を選んでもらうことを目的とした事業だ。

手を挙げた自治体に、総務省から事務局の運営費、働き手の住居費や現地のレンタカーなどの交通手段が助成される。現地までの旅費は自腹だ。認可された「ふるさとワーキングホリデー」活用自治体や運営団体は、地域の働き手を必要としている事業者の発掘、働き手の募集活動や実際の受け入れを行っていく。これから、地方への移住や二地域居住のための拠点探しをしている人にとってはぴったりの制度だ。

全国の都道府県で展開されていて、職種も農業、漁業という一次産業だけではなく、ゲストハウス、観光業、教育機関など、地域によって様々だ。

たとえば、「ふるさとワーキングホリデーポータルサイト」には、北海道でいえば、一三カ所の市町村がエントリーされている（二〇二四年一〇月一九日現在）。沖縄だと後で触れる（株）カルティベイトと（株）琉球新報開発が運営事務局になっている。

そのサイトの「地域の魅力」コーナーには、次のような耳寄り情報などが記載されている。「徳島市は、市内の保育施設へ入所できない待機児童数が2022年4月1日現在でゼロになったと発表しました。年度初めに待機児童がいないのは記録が残る2005年度以降で初めてとのこと。徳島市には、保育所・認定こども園等で実施されるイベントや、母子参加型の交流の場がたくさんあり、子育てにまつわる各種統計でも上位にランクインすること多数！」

きれいな写真がデザインされていて、旅行情報でも探す気分で眺めることができる。

ちなみに所掌の総務省の発表では、今までに七年間で約四三〇〇人が参加し、その満足度は九一％、再訪したいという人が八一％いる（この制度は何度も使える）。定住者は約一〇〇人で、率としては約二・四％である。

この数字をどう見るかはむずかしいところだが、もっともっと知られていい事業だと実感する。別に総務省をヨイショしているわけでもなんでもない。使い勝手がいい、という感じなのだ。

沖縄・大宜味村の道の駅でのワーキング

私もこのワーキングホリデーの制度を活用して、フリーランス農家初年度に沖縄を訪れている。沖縄に一度も足を運んだことがなく、知り合いもゼロ。そういう状態から、「夏は北海道、冬は沖縄で農業をする」というライフスタイルを構築していこうとしていた私にとっては、ぴったりの制度だった。これは北海道の農場で働いている知人がたまたま教えてくれた情報だった。

沖縄は（株）カルティベイトという会社が事務局を担っており、そこに最初、農業関係の仕事希望でエントリーした。その後、現地のコーディネーターの人とオンライン面談し、私のやりたいことや今までの経歴をヒアリングしてくれた。受け入れ事業者とのミスマッチを防ぐために、現地の農業や地域のことも教えてくれた。現地情報がゼロの私にとってはとてもありがたい対応だった。

沖縄では農業に関わっていえば、マンゴーの収穫や、直売所スタッフの手伝いなどがあるが、私は北部の大宜味村《おおぎみそん》という地域の道の駅で、農産物の直売所のスタッフを希望し、それが受け入れられた。初の沖縄ライフの始まりである。

直売所を選んだのは、いろいろな意欲ある農家さんや地域の人とコミュニケーションが取れるのではないか、と考えたからである。

当時の私は相当にレベルが低くて、「沖縄で農業が本当にあるのか？　マンゴーとかサトウキビしかないんじゃないか？」という程度の知識だった。周りの友人も似たようなもので、沖縄に農業をしに行くと言うと、「サトウキビ以外なんかあるの？」というリアクションである。実際に現場はどうなっているのか、行くまではわからないことが一杯あった。

農業のならし体験

大宜味村の道の駅では、私はバックヤードで、農家さんが出荷してくる野菜を梱包して直売所に並べる作業をした。現地のスタッフが作業内容や沖縄の農業について教えてくれた。運んでくる野菜や店頭で並んでいる野菜を見ると、内地でも普段の食卓に上がる沖縄県産の野菜が多く販売されていた。トマトやナス、ニンジン、葉野菜など、普通に沖縄県産のものがたくさんあった。

もちろん普段見たことがない島野菜やハーブも多くあった。加工品も島唐辛子を使った調味料や、月桃《げっとう》という島自生の葉に包まれたお餅、マンゴーやドラゴンフルーツのジャム、黒糖を使ったお菓子など、他の地域では見られないものも多くあった。カカオやコーヒー、バニラを生産していたりと、南国だからこそ作ることができるものがある。それは沖縄の利点、特性、アピールポイントだという気がする。「やっぱサトウキビだけじゃないじゃん！」

働きながら、農家さんやスタッフからいろいろなことを教えてもらった。夏は暑すぎて、野菜が作れないこと。冬の一～三月のこの時期が一番の農繁期で、沖縄県産の野菜が多く出回るということ。職場の人と一緒にヤギ農家に行って、地域の人たちと交流したり、島ならではの料理を食べたりと、農業だけではなく地域のことを知ることができた。

滞在中は同じくワーホリ制度を活用して私と同じ直売所に働きに来ていた女子二人とシェアハウス生活。一名は大学生で、もう一人は会社を辞めて新たなキャリアをスタートさせる地域を探しにワーホリに参加していた。近くにオクマリゾートという海が青々ときれいなビーチがある。朝は三人でフレンチトーストを作って食べて、仕事に出かけたものだ。

滞在中に仲良くなった市場で働いている子と、次年度は一緒に別な農場で働けるようなつながりもできた。

まったく何も知らない土地で、仕事や宿を探すのは大変だが、このような制度があり、コーディネーターの人がいることで、本人の物理的かつ心理的な負担がぐっと軽くなる。おかげでぎゅっと濃い時間を過ごすことができた。

このワーホリ制度を活用し、五年前までは一度も訪れたことがなく、知り合いがいなかった沖縄だが、今では多くのお仕事をいただいていて、那覇空港は年間二〇回は訪れている一番多く訪れる地域になった。それも北のはずれの北海道の人間が、である。こういう働き方がやっとできる時代になった、ともいえるのではないだろうか。

移住までいかなくても、こういう制度を活用して、地域を知り、自分の仕事につなげたり、関係人口を生み出すことに活用することもできる。都会から地方へ、農業に挑戦しようと思っている人も、いきなりでは荷が重すぎる。でも、このワーホリ制度を使えば、コーディネーターがいろいろとお膳立てをしてくれて、滞在費や現地レンタカーの交通費も出て、働いた分のお金も入るので、とても敷居が低い感じがする。

おためしで農業や地方に飛び込んでいくには、とってもいい制度だと思う。

2 農業となにかを掛け合わせる

ここからは、私が運営側の一員となって「おためし農業」をプロデュースした話をしていこう。

「おためし農業」のプロデュース

農泊という言葉を聞いたことがあると思うが、実際に農家の家に泊まったりするだけではなく、農業体験することや、農家や地域の人と交流をすることも農泊体験といっている。農林省のサイトでは「農山漁村に宿泊し、滞在中に豊かな地域資源を活用した食事や体験等を楽しむ『農山漁村滞在型旅行』のこと」といっている。地域の所得向上と関係人口の増加を目的にしている。旅行気分で地域のことを知ってね、という事業である。予算規模は二〇二四年で八三億八九〇〇万円である。都市と農山漁村の交流人口の増加は一五四〇万人（二〇二五年度まで）、農泊地域での年間延べ宿泊者数は七〇〇万人泊（同年度まで）を予定している。

気になるのは、どの事業も交付金は二年の期限が切られていることだ。二年でどれくらいできるのだろう、と思ってしまう。

まえに触れた北海道岩見沢市北村地域では、農泊推進事業を活用して、地域に人を呼び込み、農村地域を活性化させる取り組みを行っていた。外から来た人は、北村地域にどんな魅力があると感じるのか、それを知るために農泊体験のモニターツアーを実施した。実施主体は農泊事業を受託した北村地域農泊推進協議会だった。東京、札幌など都市に住み、普段は農業と関わりがない学生や社会人が対象である。ときは八月下旬で、夏真っただ中。畑も青々としていて、暑いけれどさわやかな風が吹く、一番いい時期に行った。

私が実施したモニターツアーでは、SNSを活用して知人に参加してみないかと声をかけ、北村地域の農家の納屋に参加者五名が集まって、それぞれ自己紹介をした。ツアーは二泊三日で、モニターなので参加費は無料であった。

「地方や田舎暮らしに興味がある」「ヨガをしていて、食に興味があって参加した」「仕事を辞めて、これからどんなことをしていこうか考えている」など参加理由は様々だ。初めましての人たちもいて、緊張とこれから体験することを楽しみにしている様子が伝わってきた。

車に乗って畑に移動し、一つ目の体験プログラムである収穫体験を実施した。待っていてくれたのは農家のお母さん、小西安子さんだ（七〇代）。失礼ながら、お歳にかかわらずとてもアグレッシブで、畑体験の受け入れだけではなく、みそ作りワークショップや豆腐作りワークショップなども行っている。小柄で、はつらつとして、エネルギッシュな女性だ。

小西さんの畑では息子さんが、畑作を大規模に行っているが、安子さんは収穫体験用の露地畑に、ナス、トマト、ピーマン、トウモロコシ、落花生、ニンジンなど数多くの野菜を小規模で作っている。

みんなで早速畑に行って、野菜の収穫の仕方のレクチャーを受け、それぞれ収穫を始めた。ある程度の野菜はみんなその実の成り方は予想がつくが、落花生が成っているのを初めて見る人も多く、「落花生って、土の中で育っているの!?」と驚く人もいた。収穫をした後は、田んぼや麦畑の周りをみんなで散策した。農家にとっては当たり前の仕事場も、参加者にとっては見慣れない景色ばかりだ。歩いている途中に「麦畑に入って、みんなで写真撮ろう!」となり、みんなで畑に入って記念写真を撮影した。みんなが広大な麦畑から育って出てきたような写真が撮れた。こんな体験は普段はなかなかできない。

夜は、みんなで収穫した野菜を切り、ピザにのせて焼いたり、バーベキューをやって、地域の農家さんたちと交流した。野菜の瑞々しさ、とくにトマトの甘さに感動していた。

朝の集合時にはどことなくあった硬さも、一日経ったら打ち解けた様子に変わった。交流会のなかで、一日農業を体験してみてどうだったか、という質問をした。

「土を触るのってなんかいいね」「野菜も味が全然違う」「何より星空がすごくきれい」「空気がきれいだし心がデトックスされる」「畑が広いから畑で映画祭とかできそう!」と様々な感想が出る。農家さんたちは、「俺たちはここで生まれ育ったから、それが当たり前だから。そのよさがわからない」と話していた。

夜は畑で五右衛門風呂に入ったり、畑でキャンプをしたりと、農村を丸ごと味わうような内容を実施した。

参加者にとっては初めて農業や地域に触れ、理解を深める機会となり、地域の農家にとっては地域外の人と交流することで、自分たちがやっていることや地域を改めて見つめ直す機会になる。実際に、このプログラムからこの地域に移住した人も出てきたり、農業に興味をもって定期的に援農に行く人も生まれている。

ちょっとしたきっかけが大きな選択につながることもある——そう実感させられた経験である。

農業研修プログラム

農業に関わるというと、畑で働くことが第一のイメージとして浮かぶが、情報発信もまた農業を振興する大事な仕事だ。いくら意欲のある、成果を上げている、先進の農家であっても、外に発信する力が弱いと、それだけの存在に終わってしまう。農家としての魅力が十二分に伝わっていかない。

反対に、農家のなかには、「もっと農業を面白く発信したい」「価値あるものとして周りの人に届けたい」という強い思いをもっているところもある。

たとえば、3章で紹介した農林水産省の事業を活用した農村発見リサーチの農業研修プログラムでも、農業を発信するアイディアが組み込まれている。前述のように、研修生は旅費、交通費、宿泊費の補助を受けながら四泊五日×三回現地に来て、農作業をしたり、地域の人達と交流をし、その間に私のようなコーディネーターが入り、現地の農家と研修プログラムを考え、実施する。実際に現地に来る人材の募集選考、調整などを行う。

石垣島のパイナップル農家の研修に参加した研修生（左右端の二名）とパイナップル生産者さん（中央二名）

対象は一八歳以上～六〇歳未満。農業または農山漁村の活性化、地域づくりボランティアなどの活動に興味があり、かつ「地域の課題解決に役立ちそうなスキルをもっている人」というのが条件になっている。参加費用は要らず、宿泊施設は事務局が手配し、その費用も免除される。交通費は一回あたり往復六万円を上限に出される。食費だけは参加者の実費となっている（施設で用意されるところもあれば、外に食べに行ったりとまちまちだ）。

たとえば、石垣島では「パイナップルの価値を発信してくれる仲間の募集」を行った。国産パイナップルは三～四％しか国内で生産流通されていないけれど、そのほとんどが石垣島で流通・消費されているという実態がある。つまり、島でたくさん穫れたものが、島内でほとんど消費されているので、本来であれば県外で稀少性から高値が付くはずのものが、一つ三〇〇〜五〇〇円で販売されている。この不合理を解消したい、つまり他県の都会で売りたい、と心ある人は思うのは当然である。

そういう発想から、このプロジェクトのテーマが決まった。石垣パイナップルを外に広めよう、である。

プロジェクトの受け入れ農家は、前出（3章）の荒木俊之さん、杉原真美さん、山中広久さん、そして石垣真俊《いしがきまさとし》さん（二〇代）の四名である。

石垣さん以外は島外から新規就農で島にやってきたので、島で長年農業をやっている人よりもパイナップルの抱えるジレンマをより強く感じている。なにより、私も以前、荒木さんの圃場で取れたての完熟したパイナップルを食べて、その美味しさに驚嘆した一人である。芯まで甘くて食べられるし、ピーチパインという小ぶりの品種はその名の通り、皮をむいたらモモのような色で、味も触感も今まで食べたパインと各段に違っている。こんなに美味しいものが三〇〇円なんかで売られているのはおかしい！　と義憤に駆られるのである。

私自身もパイナップルのファンになり、ぜひ石垣島の生産者のみなさんと上記のプロジェクトを実施したいと思った。

プロジェクト参加者はＳＮＳや知人の紹介で募り、全国の様々な世代から数多くの応募があった。学生で「亜熱帯植物に興味がある」という人や、海外でバイヤーをやっていて流通に知見があり、その知識を活かしたいという人や、都内の自然食品店で店長をしていて生産現場に興味があるという人など多彩で、年代も二〇～五〇代と様々。石垣島パイナップルにこれだけ関心がある人たちがいるのかと驚かされた。

パインを盛り上げよう

九月の石垣島は三〇℃を超える。炎天下のなか、研修生たちにも早速、農家と同じようにパイナップルの植え付け作業を一つひとつ手作業で行ってもらう。最初は農家に対して質問なども多かったが、疲れと暑さのせいかだんだん口数も少なくなる。

四日目に、体験した感想をワークショップでまとめて発表する時間をもった。「これだけ大変な作業をして収穫するパインが、この値段で売られるのはおかしい」「石垣島ならではの海という資源もある。海がきれいだから、観光客メインに海でパインを食べてもらう企画とかどうかな」「この畑で食べてもらう企画がいいんじゃないか」「農家の人柄が素敵だから農家さんの人間性やキャラクターをもっと前面に出していくようなPRをしたらどうか」などの意見があった。農家側も、「今まで作物はJAに出荷していたから、目の前で自分のパインを食べてもらうのは初めて。美味しいと言ってくれたので、自信になった」「ここは日々作業をしている場所だから、そんな（観光的な）視点はなかった」などの感想を伝えた。

夜はお酒を交えて交流をさらに深め、パイナップルをめぐる議論が続いた。参加者も当事者となって石垣島のパインを盛り上げようとする気運を感じた。

現場を知ることの大切さを改めて思った。一つひとつの発言にも、重しが付いた感じがあったのである。

専門のスキルをもった人が農業の現場に入っていけば、自ずと発想も刺激され、独特な知見を披露してくれる可能性がある。そういう人材を呼び込み、納得感を感じてもらえる企画にしていかなくてはならない。そういう全体の絵図を描くコーディネーターの役割が重要になってきている、とも感じたイベントだった。

三つの地域の産地間連携

地域によって異なる農繁期の違いを掛け合わせて人材を融通しあう、農林省の「産地間連携」という仕組みがある。補助の対象となるのは、以下の通り。

1　労働力の需要状況の把握
2　産地内での労働力の確保・育成
3　他産業・他産地との連携による労働力確保
4　労働力等のマッチング及びデータベース化
5　農業の「働き方改革」への取り組み

産地内であれば上限三五〇万円、他産地と連携する場合は交通費・宿泊費なども加算され上限一千万円となっている。

　地区プロジェクトの実施主体ごとの事業実績もホームページに出ているが、二〇二二年の実施主体、たとえばＪＡ新おたる仁木町各トマト組織組合員（一二五名）の実績が出ているが、成果目標として「本事業での労働力受入者数 五〇名」「求人の充足率を六〇％（二〇二一年度）から八〇％程度に上げる」とされているが、進捗状況は「労働力受入者実績 四五名」「求人の充足率 八一％」となっていて、なかなかの成果ではないだろうか。

　同じ実施主体の産地間連携では、次のような実績が披露されている（こちらで少しアレンジしている）。まえに触れたアプリ「デイワーク」が受給のマッチングでは使われている。
＊ミニトマト等の収穫最盛時期（八月〜九月）に九州の（株）菜果野アグリ、ＪＡ全農ふくれん、大分等と連携し、繁忙閑散期の異なるエリアからの労働力四五名の受け入れを実施。なお、農作業者の請負雇用契約および旅行手配は（株）ＪＴＢ北海道事業部が行った。
ア　募集する労働者の居住地（出発地）：福岡県・大分県他
イ　労働場所（目的地）：北海道余市郡仁木町
ウ　宿泊場所：仁木町・余市町・小樽市のホテル
エ　作業時間：八：三〇〜一七：〇〇
オ　時給：九五〇円
事例として私が知っているのは、二〇一九年に行われたもので、北海道のＪＡふらの（富良野市）、愛媛のＪＡにしうわ（八幡浜市）、沖縄のＪＡおきなわと農繁期が異なる三つのＪＡが連携して援農者をリレーすることで、農繁期の労働力を確保する仕組みだ。富良野は四〜一〇月の野菜メインの作業、愛媛は一一〜一二月のミカンの収穫作業、沖縄は一〜三月のサトウキビ製糖工場・収獲作業と、ちょうど農繁期がズレているので、地域連携できる。

それぞれの地域の農繁期が終わるころに、次に農繁期を迎えるＪＡが人材募集のＰＲを行う。援農者として働いているのは富良野で年間一二〇人、愛媛で三五〇人、沖縄県で二七〇人ほどで、各産地でリピーターが生まれている。

この事例を参考に、二〇二四年に、北海道八雲町、京都府宮津市、鹿児島県沖永良部島で新たな産地間連携の仕組みづくりが行われている。この仕組み作りの発端は、夏は北海道、冬は鹿児島県沖永良部島で援農活動をしていた私のつながりから生まれた。

北海道〜沖永良部島間の人材交流

私が沖永良部島に滞在していたときに、島で人材派遣をしている金城真幸さん（前出）との話で、お互いで農繁期に人の融通ができたらいいね、という話になった。早速、私と金城さんで動きだした。

まずは、私が冬に島に来るタイミングでInstagramで北海道の農家や農家バイトをしている友人に向けて、「冬は南の島で農業をしてみませんか？」と投げかけた。すると、「私も行ってみたい！」と思いのほか反応があった。なかで「自分は農家だけど、真逆の地域の農業について知ってみたい」というのが印象が深かった。

実際に、その年は一〇名、北海道や関東圏から島に援農に来た。私の友人たちは、青い海や南国の景色に感慨を新たにしていた。

その流れから、今度は島から北海道へ人を送ろう、ついてはどれだけニーズがあるか調べよう、となった。私が北海道の農業をＰＲするイベントを企画、開催し、「北と南をつなぐ気運を高めていこう！」と盛り上がった。

沖永良部島は農業が盛んで、南の島のなかでは農業生産額ナンバーワンだ。農家も挑戦的で前向きな若い人が多いのが特徴だ。

その一方で、島の人間ではない私が企画してはたして人は来るのだろうか、という不安があった。そもそも島の人に北海道に渡る需要はあるのか。そこは〝まずはやってみよう精神〟で突っ切った。

「最初だし一〇人も来ればいいよね」

と話していた。島内の行政のホームページに記載してもらい、農業団体やＳＮＳなどを通して告知をした。「北海道の食材を食べながら、北海道の農業について話そう」という内容だった。

それが、思いのほか反響があり、事前に「面白そう！　北海道の農業はやはり憧れがある」

など好反応が返ってきた。島は春で雇用が切れるから行きたい、北海道のものが食べてみたい、という声もあった。

当日は野外バーベキューのできる雰囲気のいい、開放感がある店で開催した。不安を抱えるなか来訪者を待っていると、時間前に若い農家らしき人やまちの関係者が集まってきてくれた。三〇名以上の参加者となり、こんなに北海道の農業に関心があるのか、と驚いた。

イベントでは、一五分ほど私が話をした。北海道の農業は機械化されて大規模だけど、夏場は人手が必要なことや、主に生産されているものなどについて紹介をした。その後、北海道の食材を使って参加者の人とベーベキューをしながら会話をして、参加者と交流を深めた。

その後、実際に島↓北海道の流れが少しずつできてきている。二〇二三年に内閣府の関係人口事業を活用し、北海道の八雲町、京都の宮津で農業での人事連携のPRをした。各産地のキーパーソンが、「ぜひやろう」と言ってくれた。

夏は北海道八雲町、秋は京都宮津市、冬は鹿児島県沖永良部島――この三つの産地をつないで、人が行き交う。その仕組みづくりに邁進している。

今年（二〇二四）、えらぶ島づくり事業共同組合が主体となり、この農林水産省の産地間連携事業に応募したところ、事業が採択されて、実際に北海道八雲町、京都宮津市、沖永良部島で産地間連携の事業を実施することとなった。私がそれぞれのキーマンを結びつけた話は前章で記している。三つの地域のつながりが実際に事業としてかたちになってきている。今後はこの三地域だけではなく他産地との連携や、漁業、林業など他産業との連携も考えている。

しかし、考えてみれば、土地と気候に縛られ、一番動きがとれなさそうに見える産業が、ヨコに連携するだけで、かなり自由度が増す、というのが面白い。他産地の農業と結び合うなど、昔なら信じられないことが今起きている。そのなかに自分がいるということが、とてもエキサイティングなことだと感じている。

農業と異業種の掛け合わせ

農業と農業を掛け合わせるアイディアは他にもありそうな気がする。今は人を融通し合っているが、産物を掛け算させることもできそうだ。お互いの果物を一つのグラスに入れれば、別のフルーツパフェができる。

人は交流することによって、新しいものを生み出してきた。人が行き交っていれば、そこで接触の火花が起きて、今までなかったものが誕生してくる。労働人材のやりとりを、それだけで終わらせるのは勿体ない。アイディアのタネが発芽する瞬間を注意深く見守っている必要がある。

もう一つ発想を変えて、農業と農業ではなく、他の産業と結びつける発想があってもいい。マルチワークの一つとして農業を捉えるのである。

それを実施しているのが、沖永良部島で人材派遣業をしている「えらぶ島づくり事業協同組合」だ。この組合は総務省の「特定地域づくり事業協同組合制度」を活用し、地域の人材不足解消のために立ち上げられたものだ。

総務省では、この事業を次のように説明している。

1 人口急減地域において、
2 中小企業等協同組合法に基づく事業協同組合が、
3 特定地域づくり事業を行う場合について、
4 都道府県知事が一定の要件を満たすものとして認定したときは、
5 労働者派遣事業（無期雇用職員に限る）を許可ではなく、届出で実施することを可能とするとともに、
6 組合運営費について財政支援を受けることができるようにする

つまり特定の地域づくりが目的なら、その労働者派遣を届け出制で許す、というもの。それにはお金の支援もありますよ、というわけである。

島の事業所（農園）の労働需要と、働き手のニーズを調整しているのが、「えらぶ島づくり事業協同組合」で、派遣職員として所属している人は現在二〇名を超える。

そのホームページには、次の三つの働き方のスタイルが載せてある。

Aさん　一月〜三月→農業、四月〜九月→食品製造業、一〇月〜一二月→農業
Bさん　一月〜三月→老人ホーム、四月〜九月→医療事務、老人ホーム

Cさん　一月〜三月→食品製造業、四月〜九月→小売業、一〇月〜一二月→農業どの仕事にも需給の波がある。それがうまく調整できたら、人件費の節約にもなるし、人件費の効率的な使い方にも結びつく。一方、働き手としては、複数の仕事をすることで飽きがこない、という利点がある。それと一番必要なときに働いている、という充実感もある。もともと派遣という働き方には、そういう側面があったわけだが、この事業の特徴は地域の人口減に対処するものだということである。需給のミスマッチを調整すれば、余剰の人員が出て、その人員を本当に必要なところに回すことができる、という発想である。

マルチタスクのアイディア

島の農繁期の三月に、ジャガイモの収穫作業をしに島に行った。その農家さんは島のなかでも大きい方で、外国人労働者もいて全部で一五人くらいが働いていた。そこでマルチワーカーとして働きに入っていた水川千代さんと出会った。彼女は二四歳。

ロングヘアーで笑顔が素敵で朗らかで、でも気品溢れる感じで一瞬で仲良くなった。千代ちゃんと作業をした日は、あいにくの雨で、倉庫内で花の球根の選別作業をみんなでやっていた。千代ちゃんは大阪から島に移住してきて、新卒で地元で営業の仕事をしていた。もともとは幼少期、両親の仕事の都合でシンガポールや香港に住み、学生時代はカンボジアに留学していたそうで、海外生活の長い人だ。東南アジアが好きで、島暮らしに憧れて沖永良部島に移住してきたという。どうりで国際的な感じがした。

彼女は農場で働いている外国人とも仲良くコミュニケーションをとっていた。農業の前は島のきのこ工場で事務の仕事をしていたそうだ。今までのいろいろな経験が必要とされて、やりがいがあると話していた。

もう一人私が出会ったのは、東京で銀行マンをしていたTさんという男性で、三四歳。東京の慌ただしい生活から少し離れたくて、島暮らしをしたくて移住をしたそうだ。

めちゃくちゃ朗らかで人柄がいい人だ。彼がいるだけで、その場の空気がきれいになるような、そんな雰囲気を醸し出している。私が島に行った初年度は島のスーパーの店員や、携帯ショップで接客業をしていたが、翌年に行くと、農業現場で働いていた。本当にマルチワークである。

一年を通して農業をやるのは、体力的にも精神的にも大変な部分がある。それがしかし、ある時期だけということで、気分が違ってくる。健康のためにやっている、ぐらいの感覚になれたりする。前職の経験などもすべて断ち切らなければならない、ということもない。他の仕事と掛け合わせることで、結果、通年で仕事ができる。このマルチワーク、なかなかいいアイディアかもしれない。

なぜ人は一生同じ仕事をしなくてはならないのか——そういう根本の問いを投げかけてくる働き方だ。しかも、その地域、土地のためになる。そう実感ができることは、とても大事なことだ。

私も農業に関わった当初は、自力で冬のつなぎのバイトも見つけなければいけなくて、大変な思いをしたことがある。農業デビュー初年度の冬は、自分で見つけたカフェで働いたり、牧場やスキー場で働いた。この島づくり事業協同組合のような組織があったら、どれだけ助かったか、と思った。

人口減というのは、悪のようにいわれている。しかし、古い映画を見ると、人口八七〇〇万で多すぎる、産児制限せよ、と国会で論議されている（川島雄三「愛のお荷物」一九五五）。減った分をＡＩやロボットが補えば、少なくとも生産の部分は持ちこたえられるのではないだろうか。問題は消費の部分かもしれない。ＡＩもロボットも食事はしないし、ファッションにも興味なさそうだからである。

しかし、人口減でこのマルチタスクのアイディアが出てきたことを考えれば、あながち悪いことばかりでないように思う。足りない部分はお互いに補い合う、という発想は、苦肉の策ではあるにしても、いい知恵が出た、といえるのではないだろうか。

昔の人からよく、近所でごはんのおかずのやり取りをしたと聞くことがあるが、それを仕事で実現しているのが、上記の事業かもしれない。

5章

素敵な、ミライの農家たち

――農業って可能性しかない

1 農産物を販売しない農家
——上原賢祐さん／ケンちゃんファーム（沖縄県糸満市）

ケンユーさん

就農計画は未提出?!

農家は農産物を作って、それを販売して収益にする。ほとんどの農家がそうだと思う。いや、それしか考えられない。しかし、農産物を販売しない農家がいるのである。それがけんちゃんファームだ。

農場主は上原賢祐さん（三〇歳）。私が上原さんを知ったのはYouTubeである。上原さんはユーチューバーである。現在チャンネル登録者数三万人を超え、動画は三〇万回再生のものもある。農業関連では異例といっていい数字だ。YouTubeでは主に熱帯植物の栽培方法を説明している。なんだか面白そうな人だと思い、沖縄に行った際に、上原さんを訪ねた。

農場があるのは、沖縄県南部の糸満市。車で集合場所へと向かい、細い道を入り、しばらく行くと畑が点在しているエリアが見えてきた。SNSで送られてきたケンユーさんの圃場に到着したが、待ち合わせの時間になっても来ない。

電話をしてみると「あれ？　今日でしたっけ！　明日だと思っていました！　今から急いで向かいますね！」と、なんか茶目っ気があって親しみやすい人だなと思った。

少し遅れて、ピンクの軽バンで登場した。同い年くらいだが、落ち着いた感じの印象を受けた。早速、圃場を案内してもらいながら話を聞いた。畑は今まで見たことがなかったアボカドの木がたくさんあり、バナナやマンゴーの木々も多数ある。沖縄の島野菜や熱帯果樹を一〇〇種類ほど、しかも自然栽培で生産しているそうだ。

上原さんは糸満市の出身。大学は山口大学の医工学部で、大学院を終えている。脳波の解析を行っていたという。祖父の代からずっと兼業農家だったそうで、大学院時代、久しぶりに実家に帰省したときに、自分の家の作物を食べて、「美味しい！」と思い、農業の道に進もうと思ったそうだ。

アボカドの木の側に座りながら、いろいろな話を聞いた。アボカドはふつうは四mほどの高さになり、なかにはすごく伸びて一八mにも達し、幅一〇mにもなるものがあるらしい。日陰が十分に取れる木だ。

新規就農をするとなると、ふつうは就農計画というものを役場に提出しなければならない。「私は今年、これくらいの面積でこんな作物を作ります。そして、収穫量はこれくらいで売上はこれくらいの見込みです」というプランを出すわけである。ほとんどの農家が提出しているものだ（提出は義務ではないが、不提出だとＪＡからの融資やサポートを受けられなかったりする）。

でもケンユーさんは「親元で就農するとき、役場に行ったんですけど、なんかいろんな書類を提出してくれって言われて。よくわからないからいいや、と思って、役場にはそれから行ってないですね」と静かに笑いながら言う。

売るのは手間だから止めた

一つ尋ねたかったのは、ケンユーさんは自然栽培でフルーツや野菜を育てているが、その理由である。自然環境の保護や食べる人の健康を考えて、自然に即した生産方法を採る人がいる。ケンユーさんはどうだったのか。

「いや、そういうのじゃなくて。農薬とか撒いたら、一々記録して、ＪＡに提出しなきゃいけないでしょ。面倒くさいというか。そもそも自分はそんなにマメな性格じゃないから、農薬を撒くのも手間だし、いいやと思って、自然栽培にしました」

今までの農家からは返ってこないような返答ばかりで、面白すぎる。自然体というか、細かいことは気にしないというか、自分が気持ちいいかどうかが大事な尺度というか。

別な圃場にも案内してもらった。本当にいろんな農産物が植わっている。見たことがないオレンジ色のスターフルーツという果物や、黄緑色で森のアイスクリームといわれている、表面がぼこぼこしたアテモヤというフルーツも木に成っていた。バンレイシとチェリモアの掛け合わせだという。

自然栽培の熱帯果樹や野菜。かなりの需要があるのではないかと思い、販路はどうしているのかと聞いた。すると、

「販売してないんです」

「えっ⁉　売ってない⁉」

「そうです。最初は市場に包装して出荷してたんですけど、それも手間に感じて止めちゃいました（笑）。今は自分たち身内で食べたり、オンラインサロンの仲間に上げています」

いやはや、驚いた。販売しない農家なんて初めてである。こんなにたくさんの果物や野菜を作っているのに、売っていない⁉　ビックリしすぎて、何度も確認したが、本当にそうらしいのだ。

ちなみにオンラインサロンとは、インターネットを活用した新たなかたちのコミュニティスペースだ。主催者はたいてい専門知識やスキルをもつ人で、なかには著名人もいる。参加者同士がリアルタイムでコミュニケーションを取り合って、自身が関心のある事柄について情報交換を行う仮想空間である。

ケンユーさんのサロンは、今八四人（二〇二四年一〇月時点）の登録者がいる。その人たちにできた作物を上げているというのだ。

「ものを売るのは、自分には向いていないから」と、さらりと言う。では、どうやって収益を上げているのか。それがYouTube、つまりユーチューバーとして広告収入を得ているのだ。バナナの株の植え方やコーヒー栽培についてなどなど、自分の栽培法ばかりか、仲間の農家のそれも発信している。

オンラインサロンの参加費は月額五〇〇〜一万円で、それも収入の一つである。月額に幅があるのは、得られるサービスに違いがあるからである。いくつか特典があって、会員はケンユーさん主催の非公開LINEグループに入れたり、メンバー同士のオフ会に参加できたり、ケンユーさんの畑の一角が借りられ、好きな作物を育てることができたり、ケンユーさんの農場で穫れた農産物が貰えたりする。

私もそのサロンのメンバーになったが、メンバーは沖縄県内の農家さんや農業が好きな人、県外で熱帯果樹を育てている人など、様々な人が参加していた。

農産物は販売していない、といっても、毎日動画を上げるほどのネタを考え、撮影し、編集して、そしてオンラインサロンも運営してと、とても大変そうに思う。

そのモチベーションを聞いてみた。

「モチベーションとかじゃなくて、自分がやり続けられる方法を見つけてやっているだけですよ」

リラックスしてゆるい雰囲気と口調だけど、きちんとやるべきことを積み重ねているがゆえの自信も感じられる。面倒くさいことはしない、無理をしないことが基本にあるけれど、自分がやりたいことはとことん追求するタイプかもしれない。

日本では熱帯果樹の研究はあまり進んでいないので、海外の論文なども読んで勉強をし、動画やブログのネタにしているという。その稀少性がYouTubeなどで受けている理由らしい。やはり、裏にはこういう弛まぬ努力がある、ということか。

ケンユーさんは、今後は農家も自分自身で情報発信する場をもつことが必要となってくる、と話す。それを自ら実践しているというわけだ。

農産物を作って売ってこそ農家である、という根本のところが、スルーされている。それはある意味、革命的なことである。農産物ではなくて、その栽培方法の情報を価値に変えるというのは、コペルニクス的な転回である。

ケンユーさんほど振り切るのはむずかしいかもしれないが、情報が価値を生むんだ、ということは忘れたくないし、これからの農家には必要な発想法だろうと思う。

私など労働の後の、そこで穫れた野菜や肉を食し、アルコールも入りながらの農家との懇親の場は、解放感が半端ではない、とつねに思っている。ぜひ他の人にも味わってもらいたい。まずＺＯＯＭで無料参加してもらって、これはやはり現地で参加したいとなったら、定員一〇人になったら実行する、などのアイディアがあってもいい気がする。畑仕事プラス農家との懇親会が込みの募集である。もちろん帰りには穫れたて野菜がおみやげに付く。

受け入れ農家は大変だが、その参加者から次も畑で働いてみたい、という人が出てくるかもしれない。情報も大事、リアルも大事ということである。

2 農家の嫁が自分らしい関わり方を模索する

——堀田悠希さん／（株）at LOCAL代表（北海道士幌町）

堀田隆一さん（白い紙を持っている）、悠希さん（その右）と、道の駅の仲間たち

地域に根づき、そして新しいことを

農業とは無縁だったけれど、農家と結婚してから、その仕事の中身を知った女性も多くいるのではないだろうか。昔だと、「夫の家族と一緒に住まなくてはならない」「農場を手伝わなければならない」という制約があったが、今は農家の嫁のかたちも様々だ。まったく農作業を手伝わない人、別な仕事をする人、暮らしも義理の親とは別など、昔のイメージに比べたらだいぶ違ってきている。

そんななかでも農家の嫁という枠を超えて、一人の農業経営者として地域の農業をリードする女性がいる。

北海道士幌町の堀田《はった》悠希《ゆき》さん（三〇代半ば）だ。士幌町は麦、ビート、大豆、小麦、馬鈴薯などの畑作やしほろ牛というブランド名がつく肉牛が有名な地域である。広大な農地が広がる。

結婚を機に夫の隆一さんが経営する夢想農園で働き、二〇一四年に女性の農業団体「農と暮らしの委員会」を立ち上げたり、一六年にはat LOCALという会社を作り、地域の道の駅の運営や地元食材を使った加工品の商品開発、販売を手がけている。

悠希さんとの出会いは一〇年前。私がまだ新聞社時代に仲間内の飲み会で出会った。笑顔が素敵ではつらつとしていて、温かい感じの女性だ。いつもその行動力、実行力に圧倒されるアグレッシブな存在だ。

隆一さんと結婚するまでは、十勝管内の札内村のJA職員だった悠希さん。いつか実家の飲食店を「お婿さんをもらって一緒に経営したい」と考えていたそうだ。しかし、JA職員の仕事を通して隆一さんと出会い結婚した。

地域の農業をリードしていく隆一さんの姿に惹かれ、この人と一緒にお互いの夢を支え合って実現していきたいと思ったそうだ。

夫婦仲良く、切磋琢磨しながら、農場を運営していく姿が微笑ましくもあり、うらやましくもあった。夫婦兼ビジネスパートナーである。以前お家に伺った際に隆一さんが料理を作ってくれ、彼女はまだその日片付いていない仕事をしていた。そういう夫婦なんだ、と思ったものである。

女性農業チャレンジャー集結

道の駅の社長になったという悠希さん。久しぶりに話を聞きに会いに行った。

道の駅には地域の農産物や加工品が数多く並んでいるだけではなく、特産品を食べることができるフードコートもある。

「久しぶりー!!」と相変わらずはつらつとしていて、「あれからいろいろあったよ～」と屈託がない。

「農作業は嫁ぐまで全然やったことなかったし、体力もすごい大変だったよー！　十勝って大規模農業。だから、だれのために作っているのか、届ける人が見えなくて精神的にもしんどい時期もあったなぁ」

と笑顔で話す。北海道の農業の特徴だが、大規模に作って大量に出荷する。消費者が見えにくい農業というのは、そのとおりである。

そこで、「大変だ」で終わらせないのが悠希さん。顔が見える農業をするべく、隆一さんと一緒のつなぎを着て、東京の企業（ＬＩＮＥなど）やレストランに自分たちの野菜を営業しに行ったそうだ。やり始めた当時は、義父から「労力に売上が見合わないから止めとけ」と言われたそうだ。でも「一生懸命やっているのに、その言い方はないんじゃない!?」と思い、最初は一四〇万円ほどの売上だったが、数年では直販が一千万円くらいにまで増えたという。本当に頑張り屋である。

様々な場所に営業に出向き、感じたのが「農家の嫁」という女性農業者の立場の低さである。「営業に行っても、夫にだけ名刺を渡して、私だけ貰えないこともあった。今でこそ農業女子とか言われるようになったけど、一〇年前はまだまだ女性で農業をしている人は珍しくて、自分の能力を発揮しずらいなと感じる部分も多くあったなぁ」

だから、若い女性農業者の地位向上のために、「農と暮らしの委員会」を立ち上げた。十勝管内を中心に、同じように女性農業者として活躍したい、挑戦したいという人が一五名集まった。マルシェに出店したり、他の地域に視察に行ったり、直営販売をしたり、自分たちの農業を外部に発信する場を作っていった。その活動がきっかけで、士幌町の道の駅「ピア21しほろ」の運営を任されるようになった。

日本一町民に必要とされる道の駅

二〇一六年、新しく作る道の駅に関して意見が欲しい、とJAや地区青年部、行政の人たちの会議に呼ばれた。そこで示された案が、まったく町民の意見が反映されていないものだった。聞けば委託業者が作った企画書だという。そこで、農業・地域に熱い思いがある悠希さんは旦那さんと、仕事が終わった後、夜な夜な話し合いをして五〇枚のプレゼン資料を作り、町長のもとへ日参した。

「そしたら、町長が『そんなに熱心に町のことを思うなら、君たちが会社を作って道の駅を運営すればいいんじゃないか。私も腹をくくる』と言ったの」

士幌は観光地ではない。まちの人々には、道の駅は憩いの場であってほしいという思いがあったが、それが全然反映されていなかった。悠希さんたちが考えたのは「日本一町民に必要とされる道の駅」。地元の人が集まるにぎやかな道の駅に観光客が訪れ、そしてまちのよさに気づく。そういう場所にしたいと発案したのだ。

そのために、食堂の名前を公募で決めたり、地域ゆかりの人物の名をカフェの名称（CAFÉ KANICHI：太田寛一は農村ユートピア構想を掲げ、今から五〇年前、東洋一と呼ばれるジャガイモコンビナートを作り、よつ葉乳業を創設。全国農業協同組合連合会の会長も務めた）に取り入れるなどしながら、この道の駅は町民のものだという意識を浸透させていったという。たしかに、その道の駅の中には、地元の農産物や加工品が並べられているだけではなく、まちを回遊できるよう見所を書いたマップもあり、その見所の案内も詳しく書かれていた。

「それからも全部いろんなことが初めてで大変だったよー。でも、まちの人たちの協力もあって、なんとかオープンして運営させることができたのよ」

オープン当初は想像以上にお客さんが来て、パンク状態となり、寝る時間もあまりなかったそうだ。しかし、悠希さんの話す表情からは、手ごたえを感じた充実感が伝わってきた。

こういう先駆的な例が、いろいろなかたちで発信されていけば、農家のお嫁さんのあり方ばかりか女性農業者のあり方も一緒に変わっていくことができる。未開拓な分野は、可能性の大きな分野の別名である。

それにしても「日本一町民に必要とされる」とは、なんと素晴らしいコンセプトだろう。悠希さんの言いたいことが全部出ている。

3 みんなをミカンのオレンジ色のような笑顔にしたい！

——小澤光範さん／みかんのみっちゃん農園（和歌山県有田川町）

有田ミカンを抱きしめるみっちゃん

和歌山のみかん農園へ

フリーランス農家二年目は、コロナ真っ只中。まだまだ全国の農場を回りはじめた頃で、今年の秋、冬はどこに行こうかと考えたときに、Facebookで和歌山県有田川町の「みかんのみっちゃん農園」を扱うオンラインイベントのことを知った。

「和歌山県有田川町で江戸時代から柑橘農家をしている。六〇種類の柑橘を育てている」というフレーズに無性に興味をもち、参加を申し込んだ。

その内容は、みっちゃん農園のことや作業内容などを紹介するものだった。オンラインイベントはコロナ下で普及したものの、当時、農家がやるのはまだ珍しかった。小澤光範さんは画面越しだったが、私と同い年くらいで、優しそうな笑顔と雰囲気の人で、親しみやすさを感じて、イベント後速攻で「今年、農園に行きたいです」と連絡した。

早速、オンラインで面談をして作業内容や農園について説明を受けた。滞在は一一月半ば〜一二月の二週間ほど。直前まで高知県でショウガ掘りをしていたので、徳島県からフェリーで和歌山に向かった。高知から徳島までJRで行き、そこから二時間ほどフェリーに揺られて和歌山のフェリーターミナルに到着した。そこからバスで和歌山駅に向かう。

駅で同じくみっちゃん農園に援農に行く大学生と合流し、車で農場に連れていってもらった。有田川に到着したのは夜。みっちゃんが軽トラで迎えに来てくれて合流し、援農中の宿泊所に案内してくれた。宿泊場所は地域の援農者が集うシェアハウスだった。古民家を改装した一軒家で、ほかの農園に働きに来ている人もいた。全部で個室が六部屋あり、キッチン、シャワー、トイレなどは共同だ。ときどき互いに、畑作業の疲れを労り合いながら、ごはんのおかずのおすそ分けをした。

〝つながり好き〟

農場は、当たり前だがあたり一面、ミカンの木が植わっていて、壮観である。まんまるのミカンがたわわに実っていてかわいい。みっちゃんとはあまり農作業を一緒にできなかったが、隙あらばいろいろと質問をした。

真剣に手早くミカンを収穫しながら答えてくれる。やはりプロの手わざである。

みっちゃんは漫画の「ワンピース」のように、農場で出会った人たちが「みかんのみっちゃん船団」の仲間になっていく未来を思い描いている。たとえ場所は離れていても、ミカンのご縁でつながった同志たちと協力し合いながら、今後さらに個人販売に力を入れたり、海外への輸出に傾注したり、ほかにも農業が面白く、価値ある産業だということにつながる取り組みに挑戦していきたいと言う。

みっちゃんはなんとなくつい助けたくなるような、手を差し伸べたくなるような、そんな雰囲気をかもしだしている。そこに人が集まってくる秘密がありそうだ。

もともと農家の六代目として生まれたが、農家を継ぐ気はまったくなかった。大学を卒業してからは大阪で青果物を買い付けるバイヤーをしていた。ある日、取引先の人に「これから農家がスターになる時代が来る。君は実家が農家なら農家になった方がいいよ」と言われて、会社を辞め実家に戻り、後を継いだそうだ。素直といえば、素直かもしれない。

就農してからは、「こんなに破棄のミカンが出るのかと衝撃受けた。少し傷ついているだけなのに、食べられずに捨てられちゃうんですよ」厳しい現実を目の当たりにした。それで一念発起、農作業が終わった後に、和歌山から大阪まで出向き、いろいろなイベントで傷ついたミカンを無料で配りまくるという行動に出た。多い時で一日八か所のイベントに参加してミカンを配った。

「そのとき初めて、食べてくれる人の反応を見て、ミカンってこんなに美味しかったっけ？

と反省した」という。SNSでミカンの直販も始めた。そういう活動が徐々に実って、一年でフェイスブック（FB）のフォロワーは五千人、Instagramも一・九万人だ。リアルやSNSでつながった人から、加工品開発の話やメディア出演の話なども舞い込むようになった。

みっちゃんの〝つながり力〟のすごさは、それだけではない。ミカンの収穫時期の人手募集の投稿には、一〇〇件くらいの問い合わせが来たそうだ。これだけ人手が不足するなか、なかなかの反応である。

たしかに、みっちゃんはマメにSNSを発信していて、人柄もわかるし農園の様子もビビッドに伝わってくる。ほとんどの農家ができていないことだ。何が大事なのか？

「やっぱり続けることですかね～。発信もそうだけど、フォロワーとのコミュニケーションをこまめに続けることかな。メッセージが来たら必ず返信するとか」

作業中もお客さんから電話がかかってきたりしていたが、手を休めず電話に答える。大変じゃないの？　と尋ねると、「むしろコミュニケーションが取れて楽しい」という返事。根っから〝つながり好き〟なのかもしれない。

いまSNSの活用が注目されている。でも、みっちゃんの話では、最初リアルで会った人がフォロワーになり、ネットでミカンを買ってくれたり、いろいろな企画などをもち込んでくれたりしたという。

アナログでつながることの大切さを学んだ気がする。

4 有機農業で「自然と経済」を循環させる

――伊藤英拓さん／(株)アグリシステム（北海道河西郡芽室町）

伊藤さん

一〇〇年先の子どもたちのために

「循環型農業」「有機農業」と聞けば、地球に優しい農業というイメージがあるかもしれない。

有機農業は二〇二一年で約二万五二〇〇ha、全耕地面積に対する取り組み面積の割合は約〇・六%。それを国の「みどりの食料システム戦略」では、二〇五〇年までに二五%に引き上げる計画である。

有機農業は手間暇がかかり、人手が必要……だから広がらない。生産者にとって、今まで取り組んだことがない生産方法、それも有機栽培に転換することは、ある意味、リスキーである。化学肥料を使えば農産物の成長は早く、収量も多くなる。それを有機に変えて、少なくとも同じ成果を上げられるのか。ほかでも触れたように、有機では病害虫の発生抑制や駆除などがむずかしい。ほとんどの生産者がまだまだ慣行農法を実践しているなか、「いきなり、しかも短期間で二五%も有機に転換。そんなの無理だ」との声を多数聞いた。

しかし、有機栽培の普及や持続可能な農業・社会づくりに奮闘している会社がある。(株)アグリシステムで、十勝管内五〇〇軒の農家と提携し、雑穀の卸売業、バイオダイナミックファームトカプチ(有機農場)三七〇haの運営、自然食品店、パン屋経営など、農に関わる事業を幅広く手がけていて、未来の子どもたちのために、豊かな自然環境、安心安全な食を残していくことをミッションに掲げている。

その代表が伊藤英拓さん(四〇代前半)で、小柄で、穏やか、静謐そうに見えるが、「子どもたちのために一〇〇年先も持続可能な社会を残したい。そのために自然と経済が循環することが大切だ」ときっぱりと断言する。

ひでさん(いつも私はこう呼んでいる)は、私が農業に関心をもつきっかけを与えてくれた一人でもある。作っては壊す、消費一辺倒の経済システムに疑問をもっていた頃に、ひでさんの思いにすごく共感し、農業に関心を抱くようになった。

趣味がボクシング、四〇歳で歌い手としてメジャーデビューするといったように、自分の限界を決めないで、やりたいと思ったことはどんどん実践する。エネルギッシュというより爽やかな風のように、動くべき方向に果敢に挑戦を続ける人だ。

私の悩みごとの聞き役になってくれたり、進むべき方向性について、いつも否定せずに背中を押してくれたり、私にとって腹を割って何でも話せるお兄さん的存在である。

流通の仕組みも変えたい

取材もかねて、久しぶりにひでさんに会いたくなって、ある日、十勝の村にある農場まで一緒に行き、改めてひでさんの取り組みや思いを聞くことにした。

「マリ！　久しぶりだね！」いつもの爽やかな感じで待ち合わせ場所に迎えに来てくれた。ひでさんの車に乗って、経営する農場に向かった。

ひでさんは有機栽培の生産現場を経営しているだけではなく、地域の生産者と一緒に有機栽培を普及させたり、それらを買い取って自身の会社で販売することもしている。

私は「どうして環境にも人の健康にもいい有機栽培が普及しないのか」と尋ねた。生産者も消費者も、それがいいということはわかっているはず。

「今って大量生産、大量流通による経済至上主義が基本にあるじゃない？　大量生産で作った市場流通では、結局、消費者も安いものを求めてしまう。だから、農家も大量に作って安く出すことを目的としちゃうんだよね。見栄えやサイズとかも消費者は気にするしね。虫がついていたらダメだったりさ。そうなると、化学肥料や農薬を使う農業をせざるをえないよね」

たしかに、規格外の野菜が安く売られたり、破棄されたり、虫が入っていたらクレームが来るという話はよく聞く。

「ということは、消費者が生産方法を決めているってことになるんですかね」

「そうなんだよね、農家さんも『消費者が求めてくれたら有機栽培をしたい』っていう声も結構あるんだよね」

既存の農家は有機を敬遠していると思っていたので、ひでさんの発言は意外な感じがした。お互いの折り合える点を知るためにも、消費者と生産者が出会う機会が必要だ。ひでさんは、流通の仕組みを変えるために、生産者、加工業者、流通業者、消費者がつながり、対話ができる機会を作っている。それが「十勝小麦ヌーボ」だ。

広大な十勝の麦畑で開く新麦の収穫を祝うお祭りに、全国のパン屋や消費者に実際に来てもらっている。普段使っている小麦がどうやって作られているかを知ってもらうイベントだ。

「パン職人や消費者って、それまで小麦がどうやってできているかって、見たことがなかったんだよね。それで、現場を見てもらう機会を作ったら、変わるんじゃないかと思って始めたんだ」

最初は都内の意識が高いパン屋さんや消費者が足を運ぶくらいだったが、次第に職人が畑に行くということが一つのムーブメントになっていったという。それまでは、毎年の小麦の品質の違いや、値上げに抗議をする職人がいたが、この取り組みを始めてから、台風で小麦の品質が下がったときも、「俺たちが全部買い取る。そしてお客さんの手に届く商品にする」と電話がかかってきたそうだ。

「逆に、職人さんが必要としている小麦のことを知り、一回生産中止になった種類の小麦を復活したこともあった。やっぱり消費者、加工者、生産者の相互理解で流通って変わっていくんだなと思うね」

ゆったり穏やかな口調で話しているが、相当すごい変革を起こしている。下流から上流までひっくるめて変革がなされないと、持続的な農業ってむずかしい。だけど、先鞭をつけて、意識を変えていく、ということだろう。

「というか、ひでさん、なんで、有機栽培とか興味もつようになったんですか？」

「姉ちゃんがアトピーで、昔から家で食品添加物が少ない食事が当たり前だったんだよね。父さんがアグリシステムの代表なんだけど、一六年くらい前から、『自分たちで安心安全な食べ物を作ろう』って家族のなかで意見が出て、有機農場の経営や自然食品店の開業に踏み出したんだ」

環境に負担をかけない農業

そうこうするうちに、更別村のトカプチファームに到着した。車を降りて、ひでさんと農場を散策しはじめた。十勝晴れの青空と緑色の牧草が広がる。広大な土地にブラウンスイス牛が放牧され、のびのびと動き回っている。農場は完全循環型農業、バイオダイナミック農業という農法で生産活動が行われている。今度は農場について聞いていくことにする。

「牛も放牧されてて気持ちいい農場ですね！　この牛の堆肥も農場で野菜を作るのに使っているんですか？」

「そうだね。うちの農場はドイツのルドルフ・シュタイナーという哲学者が提唱した循環型のバイオダイナミック農法を実践しているんだ。この農場は肥料もほかから持ち込まないで、育てている牛の排泄物から堆肥を作ったり、生産に必要な資源はすべて農場でまかなっているんだ」

　バイオダイナミック農法は有機農法のなかでも、究極の農法といわれる。物価高騰で肥料が買えなくなったり、戦争で輸入がストップしてしまう可能性も十分にある。しかし、この農法だと完全に農場自体が一つの循環をなしていて、持続的に生産ができる仕組みになっている。

「経済を目的にしたら、別な方法があるかもしれない。でも環境負荷が少ない農業を選択して、生産活動が継続できる健全な土を次世代に残していくこと。それが俺のやりたいことだから。生産に必要な資源を完全に自給することで、社会情勢に左右されない、そんな持続可能な農業ができると思うんだ」

　今の生産活動は、農場には本来なかった肥料や農薬を持ち込んで達成されている。人工的なものだけに、何らかの事情で供給がストップする可能性は捨て切れない。流通も顔の見えない同士を結んでいる。価格のアップダウンだけがお互いをつなぐ指標である。それでいいのか、ということである。

ひでさんが取り組んでいるのは、生産から流通までの有機的循環である。外部から人を誘い込んでいるのも、その一環である。相互理解が深まれば、価格に左右されない関係にも進むだろう。

有機栽培はむずかしい。それを承知で、しかもそこにしか未来はない、とひでさんは考えている。私はその彼を信じるしかない。

5 ルックスはモデル…でも鶏の卵にかける思いは深く、強い

――ノーマン裕太ウェインさん／（株）徳森養鶏所（沖縄県うるま市）

裕太さん

Not a Chikin! I'm a Challenger!

うるまブルーといわれるほど海がきれいな沖縄県うるま市で、「くがに卵」というブランド卵を生産販売する農家がある。物価高騰で飼料代が上がり、畜産業界は大変だといわれ、物価の優等生といわれ続けた卵の値段も以前より上がった。

しかし、この物価高騰すらもチャンスと捉える若き養鶏家がいる。（株）徳森養鶏所代表のノーマンブラザーズのノーマン祐太ウェインさん（三二歳）。また、ノーマンブラザーズとして兄弟で徳森養鶏所の卵や加工品のＰＲや販促を行うためにユニットでも活動をしている。

以前から沖縄を訪れるたびに直売所で目にする「くがに卵」。うるま市の賞を受賞したり、様々なメディアにも取り上げられている。妙に気になりアポイントを取り、養鶏場まで取材に行った。事務所で早速、話を聞くことにした。元モデルでミスター沖縄に選ばれるほどのルックスの祐太さん。もし予備知識がなければ、モデルかと勘違いしただろう。アメリカ人と沖縄人のハーフである。クッキリとした顔立ちとスタイリッシュないでたちに少し私も緊張してしまう。

話を聞くまで、「本当に養鶏をやっているのか？　発信やメディア的な役割だけやっているのかな？」と疑っていた。早速、養鶏スタイルや経営、ブランディング等について話を聞こうとしたら、「まずどこから話しましょうかね」と、私が質問する前に自分のことを話しはじめた。

「父がアメリカ人、母が沖縄の人で、僕自身はアメリカ生まれ沖縄育ちです。ほとんど沖縄で過ごしてきました。祖父がうるま市で養鶏をしていました」沖縄の大学の法学部を卒業した後、通信系の会社で働いていたという。二〇代半ばで転職を考えたタイミングで、会社員である両親の転勤で家が空くこともあり、〝おじぃ（祖父）〟の養鶏所で働き、その家に住もうと思ったのが、養鶏に関わるきっかけだった。

「いざやってみると、身体を動かすのは好きだったので、大変だとかはなかったかな。やっていくうちに、おじぃの代から変わらないやり方にだんだん疑問をもつようになって。それくらいから現場だけじゃなくて、養鶏業界全体を変えていきたいと思うようになりました」

そもそも養鶏所に何羽鳥がいるのか、飼料代などの経費がいくらかかるかも知らず、作業も無駄が多かった。地道におじぃや従業員から仕事の内容を覚えてこなしていくうちに、だんだんとそれらしくなっていったという。一年経ってから事業継承をして、経営者になった。

「いろんな会合に出て、他の農家と交流しても、養鶏家自身が自分たちの未来を信じていなかった。『農業はよくならない』『もうだめ』といったマイナスのことばかり。探せばいくらでも楽しいことや可能性はあるのにと思って。だから自分たちがまずは変わろうと思い、いろんな挑戦をしています」

まず、くがに芋といううるま市の特産品を鶏の餌に混ぜることで、色味や食味を改善して、「くがに卵」というブランド卵を作った。その卵はうるま市で売れ筋ランキング二年連続一位で、直売所で多く販売されている。

それだけではなく、卵を使ったバームクーヘンなどの加工品や、アパレルブランドを立ち上げて、徳森養鶏所の服なども作っている。かわいいニワトリのロゴと、「トクモリ」というスタイリッシュな文字も入っていて、私も着たいと思っている。

この物価高騰はチャンスだと話す裕太さん。

「この物価高騰で、ようやく農家も行政も今までの古いやり方じゃいけないと考えはじめたと思うんです。変わらなかった古いものが変わるきっかけにもなっていると思うので、チャンスだと思います」

チャレンジ精神に目を輝かせる裕太さん。飼料高騰はかえって好機だと言うのである。しかも、「円安で海外から人が来るから、僕たちの卵を海外の人にも食べてもらえる機会が増える」と夢を語っていた。

養鶏家だからってチキン（臆病者）じゃない。Not a Chicken. I'm a Challenger! 裕太さんから知らぬ間に情熱を貰っていた。

6　飛騨の自然を生かし切る農業
――寺田真由美さん／寺田農園（岐阜県高山市）

トマトを収穫する寺田さん

「カッコいい農家になる！」

「夫が亡くなっても、農場を離れようとは思いませんでした」

寺田真由美さんは農家に嫁ぎ、九年前に旦那さんを病気で亡くしている。その後、農園を継ぎ、農業経営者となった。義父や義母がいたはずで、なぜ自分で引き受けることになったのか。そこに興味があった。

寺田さんとは（株）マイファームという会社が主宰するオンラインの「女性農業リーダー塾」で出会った。女性農業者がお互いに切磋琢磨し、自分の農場の課題解決や今後の取り組みについてビジョンを描き、ブラッシュアップしていく勉強会である。

まだ直接はお会いしたことがなく、オンラインでのインタビューとなった。寺田農園は「子どもが笑顔になるようなトマトづくり」を標榜している。加工品では、トマトを使った生麺セットやトマトジュースのギフトセットなどもある。

ショートヘアが似合う、かっこよくて自立していて、でも温かさと優しさ、かわいらしさがある、そんな人柄が画面越しに伝わってくる。

「二〇歳のときに夫と出会って、翌年に結婚しました。もともとはホテル業だったんですけど、休日に農家に手伝いに行くようになって、その働き先で夫と出会いました。夫は一〇歳年上でした」

出会ってから結婚までが早いですね！　と思わず言った。

「両親からも農家に嫁ぐの？　と反対されましたし、二〇代前半で田舎で農家になって老け込まないかなとも思ったんですが、逆に『カッコイイ農家になる！』と意気込みました」

と、笑いながら言う。たしかに、五〇代まぢかの寺田さんだが、かっこいい美人さんである。

実際に農家になってからの印象も聞いてみた。

「夫が地域のいろいろな会合に連れていってくれたりして、地域の人にもかわいがってもらってきたなと感じています。でも、やっぱり農業って男性社会だなというのも強く感じました。結婚して一〇年して夫の病気が発覚したんです。それから自分で農業経営の仕方も考えるようになっていきましたね」

子どもを授からなかったので、仕事に集中できてそれはそれでよかった、とも言う。当時、彼女が抱えていたものを想像すると、インタビューしながら胸にこみ上げるものがあった。

「夫とどうやって農場を残していこうか話し合いました。私たちには跡継ぎがいないわけですから、農業をやりたい人に継いでもらえばいい、と法人化しようと決めました。夫と私が共同代表となりました。そのタイミングで、自分たちの加工品を製造販売する直売所も設立しました」

旦那さんが亡くなられた二〇一五年、真由美さんが代表に就いた。

「ふつうだったら実家に帰ろうとか、農業以外の仕事をしようと考えると思うんですけど、そんな考えはなかったんでしょうか？　女性で農業経営をしていくって、やっぱり大変なんじゃないかと思うんですけど」

単刀直入に尋ねた。

「それはなかったですね。若いスタッフもいましたし。従業員もみんな精神面や仕事面でサポートしてくれて。地域の人もいろいろ気遣ってくれたり、おかげでつらい時期も乗り越えられました」

関わりの中から自分らしさを見つける

彼女の描く今後のビジョンは？

「飛騨の風土を生かし切りたいです。飛騨の宝である風土は、農業で守られているんじゃないかなって思ったんです。栽培方法はその地域の土壌などに影響されますし、そこで育てられた食べ物はその地域ならではのものです。だから、農家という立ち位置で飛騨を魅力的に発信していくことができればなって考えています」

その試みとして、自分の農園で出た規格外のトマトや、他の生産者から買い取った規格外の農産物を活用して、ジュースの生産加工販売をしている。それだけではなく、自社のトマト畑で収穫体験なども実施し、少しずつ飛騨の恵みを感じてもらえる取り組みを広げている。

風土を生かし切る――飛騨の農家に嫁ぎ、いろいろな人に支えられてきた寺田さんだからこそ思い描くことができるビジョンではないか、と思った。そのビジョンを見つけるまで、とても大変だったと話す。

「農家に嫁ぐ女性にもいろいろなかたちがあると思うけど、地域や農業との関わりのなかで自分らしい農業のあり方を見つけていくのもありじゃないかと思います」

実際に人に会って、その可能性に直に触れたい、と思っている私としては、ぜひ寺田農園に行ってみたいな、と思っている。飛騨の人と風土を身体に感じたい。

7 幅広く農業の可能性を見つけていく
――矢野大地さん／（株）百章（京都府宮津市）

素人も巻き込む農業

「農業は職人的な業界になりすぎて、人が入って来にくくなっちゃったんじゃないかな。だから、生産だけではなくて、素人も農業に巻き込めるような事業をしていきたいと思っていますね」

儲かる農業をして、しかも地域の魅力を伝えていきたい――そんな風に話すのは、京都宮津市で（株）百章を経営する矢野大地さんだ。

自身で育てたレモンを手にする矢野さん

矢野さんとは、二〇二三年の農業のオンラインイベントに一緒に登壇したご縁である。高知の大学を卒業し、そこで若年層のキャリア育成を行うＮＰＯ法人を設立するものの、地元の宮津に戻り、レモン農家として新規就農。さらに、仲間と（株）百章という会社を設立し、レモネードのキッチンカーによる販売や宿泊業、インターンシップなど、幅広く農業の可能性を追いかけていて、多才で面白い人だなという印象を受けた。

観光地としても有名な宮津市。農業だけではなく、漁業も盛んな地域だ。農業と漁業の兼業、農業と飲食店などの兼業が多い地域だ。

矢野さんに会いに京都市内から車で二時間半。道中はひたすら山々が連なり、豊かな自然が広がっている。

大きい古民家の宿に到着し、そこで待っている矢野さんと話をした。入口に大きなカウンターキッチンがあり、奥の方に和室がある。改装ほやほやで、すでに運営しているシェアハウス以外にも、これからもう一棟新たにシェアハウスを建てるらしい（すでに完成し、運営を開始している）。

どうしてこんなに精力的にいろいろな事業を手がけているのか。そもそもどうして就農したのか、聞いていった。

「もとは学校の教師を目指していて高知大学に入ったんです。子どものときから宮津が好きで、地元のよさを伝えられる大人になりたかったから、それならば教師だろうって思ったんです」

矢野さんに転機が訪れる。東日本大震災だ。

「三年生のときに一年休学して被災地支援に行って、そのときの経験が大きかったですね。そこでは、お金だけじゃなくて、人とのつながりで暮らしが営まれていてね。高知に戻ってから、地域活動に参加するようになったんです。いろいろな地域の人とつながりができました。猟師さんが『シカ、取ってきたぞ』って、いきなりシカ肉が食卓に上がってきたりしました（笑）」

いかにも楽しそうに話してくれる。人とのつながりで生活が動いている現実を知り、食料や住宅なども自分の手で作る、自給自足的な生活に魅力を感じたそうだ。

地域の魅力を作る

卒業後、教師にはならずに、そのまま山籠もり生活を始める。それを二年。自給自足の実践である。その様子をSNSで発信すると、矢野さんが住んでいるシェアハウスに延べで千人くらいが泊まりに来たという。行政や大学の先生は「NPO法人を作って、本格的に地域に人を呼び込む取り組みをしてみてはどうか」と勧めてくれ、それでNPO法人を作った。

しかし、人口減少や地域が衰退していく様子を見て、宮津だって他人事ではない、愛する地元に帰ろう！　と決意。二〇二一年に故郷に帰り、祖父の運営するレモン農家の一員となった。

自分がまずは農家として経営的な自立することが当面の課題である。シェアハウスを始めたのは、外からインターンや農泊、就農などでやってくる人のための拠点づくりのためである。地域によそものを受け入れる体制がなく、なかなか地域に馴染むことができずに結局、まちを離れてしまうというのはよくある話だ。

「生産者としても技術を磨いていきたいと思っていますけど、農業は職人的な業界になりすぎて、人が入って来にくくなっています。それで担い手が減っていってしまっていると思うんですよね。だから、生産活動だけじゃなくて、多くの人を巻き込む農業を実践していきたいと思っているんです。職人の世界に、素人を溶け込ませていきたいです」

農家が作るのは農産物だけではない。地域の魅力を作り、それを伝えるのも農家の役割かもしれない——矢野さんの話からそう感じた。

矢野さんの挑戦力と地域を巻き込む力は、これからどんどん加速していきそう。それくらいエネルギーとパワーに満ちた生産者だった。

8 超健康体の牛を育てる

——松橋泰尋さん、松橋農園（北海道河西郡更別村）

SDGsの牛

異業種から農業の世界に参入する人も多い。農家の婿になり、畑作と和牛肥育と飲食店経営をしている松橋さんも、その一人だ。

松橋さん

出会いは一二年前になる。私に農業に興味をもたせてくれた人である。とにかくやることが豪快で面白いお兄ちゃん的存在である。ほんとに農家なの？　と言いたくなる感じだった。ちょっとヤンキーっぽいけど優しいのだ。

自分で農産物を売ろう！　と、分厚いタウンページの電話リストを見ながら、自分の農場の肉を取り扱ってくれそうなところに電話をかけまくったり、クリスマスにサンタクロースの格好をして、顧客になってくれそうなところの自宅に突撃営業をするなど、とにかくやることが奇抜なのだ。

私は彼をやっちさんと呼んでいる。久しぶりに訪ねて、倉庫の椅子に座りながら、今までのことやこれらからのことをインタビューした。目の前に広大な畑が広がり、牛舎からは牛の鳴き声が聞こえてくる。

「おう、久しぶりだな」とあって、お互いの近況を軽く話した。やっちさんの農場は約四〇haの畑作で、馬鈴薯、小麦、ビート、豆類など四種を生産している。そして、肉牛の繁殖肥育を手がけている。

もともとは夜の世界で働いていたことのあるやっちさん。いくら結婚したからといって、農家の婿になるなんて、文字どおり畑違いすぎる。

「結婚を決めた当時は継ぐ気はなかったんだけど、両家顔合わせの席で義父さんが『これで俺もやっと農業を引退できる』って言ったんだよね。そしたらうちの親も『あんた、婿に行きなさい』と言い出して(笑)。じいさんの代からの話を聞いているうちに、『嫁を幸せにするには俺が農家になるしかないか』と思ったんだよな」

要するに松橋家をまるっと幸せにするために、農家になる決心をしたのだ。

それから試行錯誤し、儲かる農業にしようと勉強と行動を重ねてきた。地域のいくつかの経営者団体に入り、経営者としての視点を磨くべく務めてきた。

自身で育てた松橋牛のブランドはＪＡＬの機内食に採用され、葉山庵（埼玉県さいたま市）や山田チカラ（東京・港区麻布）などの星付きレストランでも提供されるようになった。そうなるためには、ほかにはない付加価値と戦略が必要だった。

生産現場を見せてもらうために、牛舎に場所を移して、話を聞くことにした。牛舎に入ると、黒い雄牛たちがこっちを見る。きれいに掃除されていて、牛たちも毛並みがよくてきれい。それに、臭くない！　その理由を尋ねた、

「でしょ？　うちは餌がほかの農場と違うんだよね。牛の腸内環境が整って、ふん尿が匂わないんだわ」

松橋農場では「超健康体の牛」を目標に、一〇〇％北海道産の原料を使い、地元企業や専門家と共同で開発した、牛にとって最適の栄養バランスの乳酸発酵飼料を与えているそうだ。

「松橋農場で穫れた豆類や麦、トウモロコシでも規格外品が出る。それも活用して地元企業のビールかすやおからなどを配合している。今でいうＳＤＧｓってやつかな？」

やっちさん、ちょっと得意そうである。

通常の肉牛は、海外から輸入したカロリーが高いコーンを食べさせて、牛を太らせてサシ（脂肪）を入れる。出荷する頃には、自分の足で立てないくらいに肥満している牛もいる。でも、やっちさんは、牛本来の姿のまま届けたいと考えている。独自の飼料作りは、そういう背景があって始まったものだ。そうやって、評価の高い肉ができていく。

私も食べさせてもらったが、赤身肉は牛臭さがなくて、食感がよく、美味しかった。

自社で配合飼料を作れば、他の農家との差別化になるだけではなく、輸入飼料が値上がりしても影響が少ない。持続的な農業……それを実践している。

「俺さ、やりたいことあんだよね。ここの畑をディズニーランドみたくしたいの。お年寄りとかシングルマザーとかも働ける環境を作れたら楽しいと思うんだよね」

これは本気なのか冗談なのか？　いつもながら大きい夢を語ってくれた。

飲食店は子どもの頃からの夢

やっちさんは帯広市内に「FOOD BABY」という飲食店を経営している。畑で話を聞くのはいったん終わりにして、夜にそのお店で話を聞くことにした。

FOOD BAYBYは松橋農場の肉だけではなく、十勝管内二〇〇軒ほどの農家と提携し、仲間の生産者の食材を提供している。入口にはスコップとフォークや牧草ロールなどが置いてあって、お洒落な農家レストランだ。中にも農作業で使うコンテナや道具類がオブジェとして使われていて、オヤレに内装されている。

席に座ると、料理を何品か頼んでくれて、ワインも注いでくれて、飲みながら食べながらの話が始まる。

「そもそもなんで飲食店をやろうと思ったんですか？」

「おれ、飲食店やるの、小一からの夢だったんだよね。うちはあまり裕福な方じゃなかったけど、初めて両親と行った店で食べたステーキの美味しさに感動してさ。そのときからずっと自分のお店をもつことが夢だった」

そうだったのか。ここは夢の場所なんだ。えさ作りから自分の納得のいく肉を育て、販売網も自分で構築し、お店ではそのストーリーや価値を伝える。ＳＤＧｓをもっと進めたい、とも語っていた。

ある意味、夢多き完全主義者ではないか、話を聞きながら、そういう感想をもった。よき先輩だが、日進月歩で大股で歩くから、付いていくのが大変。更けていく夜に、そんなことを思っていた。

9 自然栽培を推進するまちがある

——粟木政明さん／ＪＡはくい職員（石川県羽咋市）

自然栽培は日本古来の栽培法

ＪＡと市が一丸となって自然栽培を推進している町がある。私が農業に関心をもった一〇年前くらいから目をつけていたのが石川県羽咋市だ。

粟木さん

自然栽培は、肥料や農薬には頼らず、植物と土の本来もつ力を活かす永続的かつ体系的なやり方である。安心安全な野菜が作られ、自然環境にもいい。

そうとわかっていながら、なかなか広がらない農法だと、本書で繰り返してきた。理不尽だな、と思いながら、逡巡する農家がいることも理解できる。

ところが、ＪＡはくいでは自然栽培を推進している、という。職員の粟木政明さん（五二歳）をYouTubeで見かけ、会いたいと思った。YouTubeの動画は羽咋市の自然栽培普及について紹介する内容だった。

羽咋の農産物を売るために都内のレストランやイベントに足を運んだり、海外にもまちのことや農産物をPRするために講演に行くなど、精力的に活動している様子が映っていた。「農家あってのJA」「自然栽培は日本古来の栽培方法。『八百万の神』の精神をもっている日本人だからこそできるもの」という彼の言葉に惹かれて、実際に取材に行くことにした。

JAはくいに直接連絡し、粟木さんに取材依頼のメールを送ると、OKの返事が来た。

JAはくいでは二〇一四年から自然栽培について勉強する「のと里山農業塾（はくい式自然栽培野菜コース・米コース）」を開設し、全国から「自然栽培をやりたい！」という人を募った。いったいどういう経緯でJAとまちが自然栽培を推進することになったのか、粟木さんに聞いてみたかった。

自然のなかのまちだから自然栽培

北海道から飛行機で東京に行き、東京から新幹線で金沢まで向かう。そこから電車で羽咋市まで行き、レンタカーを借りて粟木さんに会いに行く。途中、羽咋市の道の駅に立ち寄ってみたが、たしかに「自然栽培」と書かれた野菜やお米が多く販売されていた。まちを挙げて自然栽培を推進しているのが売り場からも感じられる。

段々畑が広がる道を進み、粟木さんとの待ち合わせ場所である「のと里山農業塾」の実験圃場に到着した。連絡を入れると、待ち合わせとなっていた公民館から粟木さんが出てきた。動画で見たとおり眼鏡をかけて、きりっとして、淡々と話す、そんな方である。

「今日はちょうど『のと里山農業塾』の日で、後から生徒さんや講師の人も来ます。その様子も見てもらいながら、実際に自然栽培農家として就農した人の話も聞いてもらえればと思っています」

と、丁寧に段取りをしてくれていた。塾が始まるまで少し時間があるので、自然栽培を推進するようになった経緯を聞くことにした。

二〇一〇年に「奇跡のリンゴ」で有名な木村秋則さんの講演会が羽咋市で開かれ、県内外から一千人ほど集まったことがきっかけだという。粟木さんが木村さんの本を読み、自然栽培に強い関心をもち、木村さんの講演会に農協職員全員に参加してもらうように働きかけたそうだ。当時の農協組合長も木村さんの話に感銘を受け、「うちのまちでもぜひ推進していくべきだ」と言い、JAはくいで自然栽培を推進していくことになった。

「能登は世界遺産に登録されている場所で、人と自然の営みが調和した暮らしや風景が評価を受けています。だったら自然と向き合う自然栽培という方法が、このまちには合っていると思うんですよね」

「サンフランシスコでまちの自然栽培米を取り扱ってもらうことになり、自然栽培について調べたら、日本にしかない栽培方法なんです。英訳がなくて、海外で販売するときはSHIZENSAIBAIと表記しています。それって強みかなと感じています」

たしかに、オーガニック=有機栽培という言葉はあるけれど、自然栽培の英語って聞いたことがない。ざわっと鳥肌が立った。

講演会が開催された年の一二月に、現在の「のと里山農業塾」につながる「木村秋則自然栽培実践塾」を開設し、自然栽培の取り組みがスタートした。

もっと話を聞きたかったたが、「のと里山塾」の塾生たちが集まってきた。いったん話は中断して、座学が行われる部屋に移動して、私も参加することにした。三〇名ほどの人で、男女は半々、年齢層は一〇～六〇代と幅広い。

粟木さんが前に出て、塾の内容の振り返りと今回の実習内容を紹介し、講師にバトンタッチした。富山で自然栽培を実践しているＮＩＣＥファームの廣和仁《ひろかずひと》さんである。

「のと里山農業塾」は年一二回のコースになっていて、自然栽培の考え方、栽培・販売方法などについて講師を呼んで学ぶ。廣さんも「のと里山農業塾」の卒業生で、自ら自然栽培農家として就農した一人だ。長めの黒髪で、ひげもちょっと長くて、なんとなく尖っている印象があるが、柔らかい雰囲気ももち合わせている。

座学が終わった後は、実際に畑で土づくりの勉強、実践をする。座学で学んだことを圃場で実践する。そこにはいろいろな野菜が植えられていた。

廣さんがたい肥の作り方についてレクチャー。私は参加者に、どこから来たのか、どうして参加したのか聞いてみた。五〇代くらいの女性に声をかけた。

「私は岡山から来ています。自分でも自然栽培をやってみたいなと思って。ここはいろんな仲間もできるので、いい場だと思っています」

親と来ていた中学生くらいの男の子にも聞いてみた。「僕は自然栽培で就農したいと思って来てます」思わず「え!? 親じゃなくて、君が農業をやりたいと思って参加したの!? すごいね!」と言ってしまった。他には北海道で新規就農することが決まっている二〇代の若いカップルなどもいて、本当に全国から自然栽培の技術を求めている人が集まっている場なのだなと実感した。

一〇〇%地域の資源

ひと通り講義が終わり、座学をしていた場所に戻り、粟木さんに話の続きを聞くことにした。気になることがたくさんある。自然栽培だと、肥料を使うよりもモノが小さくなったり、規格が揃いにくくなる。JAはそもそも農家の所得向上を目指す組織。そして、農薬や肥料を販売して売上を上げている組織なはず。自然農法はそれに逆行する試みに見えるが……?

「農業生産に必要な資材って、ほとんど海外から輸入していて、そのお金は野菜を生産するまえに農家たちが払っているんです。内外の情勢で資材の価格が変動し、お金を回収できるかわからない。その負担を農家だけに負わせるのはおかしいと思うんです。でも、自然栽培は太陽、空気、水、土、タネ、人、一〇〇％地域資源だけで、最高品質の食品ができる栽培方法だと思うんです」

たしかに円安の影響で海外資材が高騰して、農家の経費は二、三倍になっている現実がある。農家のためを思えば自然栽培……という選択肢になるのか、と思った。

さらに、粟木さんの考えは農業だけにとどまらなかった。

「地域資源だけを使った食材を生み出せる農家が自立できれば、それらを活かした飲食店や観光とか、いろんな広がりを生み、新しい雇用も生まれます。そんな理念をもったまちができて、そこに人が集まるシステムができればいいなと思うんです。そんなまちづくりに取り組んでいかなければならないと思っています」

自然栽培のまちという理念を掲げて、他のまちではやっていない取り組みが、むしろ差別化になるという考えだ。全国探しても、まち全体で自然栽培を行い、それを利用した飲食店を増やし、観光業につなげているところはないのではないだろうか。

もう一つ、自然栽培は日本人が生み出した農法であるということも気になり、どういうことか聞いた。

「自然栽培は日本人が古くから受け継いできた『八百万の神』の精神がある日本人が生み出した誇るべき農法なんですよね。太陽や水や土など、いろいろなものに生命が宿っているという考え方は、日本ならではの文化なんです。日本独自の文化を生かした農法で作られた作物を海外で一番高い値段で販売すること。そうしたことも、農業という産業の誇り作りになるのではないかと思っています」

自然の万象に神を見る日本人。その古来からの感性を受け継ぐ農法。それがかえって現代に必要なのではないか、ということかもしれない。

ＪＡはくいは、木村秋則さんという一人の先駆者に心を動かされて、自然栽培という古くて新しい試みに踏みだした。ずっとウォッチングしていきたい――そう思った。

あとがきにかえて

たまに東京に行くと、どっと疲れる。時間の流れも、人の流れも、とにかく早い。駅の構内で方向が分からずもたもたしていると、どんと肩をぶつけられることもある。すいませんもなんにもない。

早く用事をすませて、北海道や沖縄に飛んでいきたい、と思う。もうそういう体になってしまったのだと思う。都会に憧れていた私はいったいどこへ行ってしまったのだろう。畑を渡る風や、空に湧き上がる雲や、鳥や虫の鳴き声の方が、私には欠かせないものとなっている。

それだけの魅力が農業にあるのだと素直に思う。本文にも書いたとおり、身体がめきめき健康になるだけでも、相当なものだ。

ある農家が言った。「やる人が減ってきているからこそ儲かる！　可能性しかないよ」そうなのだ。この逆転の発想が魅力的である。

そもそも未来を感じない分野に私自身が関わるわけがない！　彼らを応援する役目の私がか

えって、いつも刺激を受けて、明日もがんばろう、という気にさせられる。

それって、あんたが元気な農家を選んでいるからさ、と言われれば、それはそうだというしかないが、未来のタネって、そういうところにしかないのも確かではないだろうか。危機のときにこそ、人は知恵を絞りにしぼって、次への打開策を見つけようとするのではないだろうか。

それに新規で農業をやる人は、農業の厳しい現状を知りながらも踏み込んできた人たちだ。そこに何がしか希望を見ているからこそ、参入してきているはずだ。

だから、ふだんちょっと元気がないな、先が見えないな、路線変更しようか、などと悩んでいる人たちは、ちょこっと農業に触れて、気分転換をはかってみてはどうだろう。自然のなかで身体を動かしていれば、なんとかなる、という感覚はとても大事な気がする。それが、あなたの生き方の“底力”になる。そのうち、私のようにハマって、農業の道に進もう！という人も出てくるかもしれない。

そのための方法は、本書に一杯書いている。

この本は、今までお世話になった人々へのありがとうを込めたものである。農業の素人を温かく見守ってくださったばかりか、手を差し出してもくれた。どれだけの恩返しになっているか分からないが、みなさんの心に届けば、と念じるばかりである。

小葉松 真里　こばまつ・まり

北海道帯広市生まれ。十勝毎日新聞社事業局に入り、「このかっこいい人、ほんとに農家?!」という出会いを重ね、とうとう畑の中へ。心身共に健康になり、肌もきれいになる。労働後の飲み会も性に合っていた。全国各地の農家の繁閑に合わせて動く働き方を確立。取材、事業関連の視察なども含めて300軒の農家とつながりがある。産地間連携、ワーケーション、インターンシップ、イノベーション、講演会、情報発信など多彩に活躍中。マイナビ農業「フリーランス農家の全国農場放浪記」好評連載。畑作業が多く、あまりオシャレができないのが、少し寂しい。

フリーランス農家《のうか》という働《はたら》き方《かた》

おためし農業《のうぎょう》のすすめ

二〇二四年一一月二〇日　初版印刷
二〇二四年一二月二〇日　初版発行

著者――小葉松真里

編集――木村企画室（木村隆司）

装幀――重実生哉

カバー装画・本文イラスト――大原沙弥香

発行所――株式会社太郎次郎社エディタス
東京都文京区本郷三-四-三-八階
電話　〇三-三八一五-〇六〇五
FAX　〇三-三八一五-〇六九八
メール　tarojiro@tarojiro.co.jp
http://www.tarojiro.co.jp

発行者――須田正晴

印刷・製本――シナノ書籍印刷

定価はカバーに表示してあります
ISBN978-4-8118-0871-0 C0021

本のご紹介

あなたは何で食べてますか？
偶然を仕事にする方法

有北雅彦著

物語屋、珍スポトラベラー、ドローン写真家、切り似顔絵師……、ちょっと変わった仕事で食べている先輩たちに直球勝負で聞いてみた。どんな仕事？　収入は？　幸せですか？　驚いて笑ってグッとくる、エンタメ的進路参考書。

四六判・本体 1600 円 + 税

世界でいちばん観られている旅
NASDAILY

ヌサイア -“NAS”・ヤシン、ブルース・クルーガー著
有北雅彦訳

全世界 4000 万人が注視する 1 分間旅動画「NASDAILY」。その実像と魅力とは――。パレスチナ系イスラエル人の著者が、行動力と SNS を武器に、「世界は変えられる」ことを証明しようとした、1000 日間・64 か国の旅の記録。

四六判・1800 円 + 税

わたしを忘れないで

アリックス・ガラン著 / 吹田映子訳

ベルギーで数々の賞を受賞した大人むけ漫画作品。介護施設から祖母を連れだしたクレマンスは、ある場所を探して旅に出る。老いと死、ジェンダー、忘れることと忘れられること……。透明感のある色彩で紡がれる“ロードムービー”。

A5 判・2000 円 + 税